Ingredients
The Strange Chemistry of
What We Put in Us and on Us

食物冷知识

[美] 乔治·扎伊丹 _____ 著
（George Zaidan）

王芳　马冬梅 _____ 译

中信出版集团 | 北京

图书在版编目（CIP）数据

食物冷知识 /（美）乔治·扎伊丹著；王芳，马冬梅译 . —北京：中信出版社，2021.10
书名原文：Ingredients: The Strange Chemistry of What We Put in Us and on Us
ISBN 978–7–5217–3530–7

I. ①食… II. ①乔… ②王… ③马…… III. ①食品－普及读物 IV. ① TS2–49

中国版本图书馆 CIP 数据核字（2021）第 185415 号

食物冷知识

著者： [美]乔治·扎伊丹
译者： 王芳 马冬梅
出版发行：中信出版集团股份有限公司
（北京市朝阳区惠新东街甲 4 号富盛大厦 2 座 邮编 100029）
承印者：宝蕾元仁浩（天津）印刷有限公司

开本：880mm×1230mm 1/32 印张：8.25 字数：182 千字
版次：2021 年 10 月第 1 版 印次：2021 年 10 月第 1 次印刷
京权图字：01–2020–0070 书号：ISBN 978–7–5217–3530–7
定价：56.00 元

致妈妈、爸爸和茱莉亚：
对不起

麻省理工学院简直就是现实版的霍格沃茨魔法学校。这里的每个人都像一个巫师，施展着自己的魔法。最神奇的是，我突然发现自己身处一众书呆子当中——在脸谱网出现之前，人们视书呆子为可爱、无害的团宠。成为其中的一员，我感到无比骄傲。当然，我也会施展魔法。

我希望我能拥有格兰芬多派的勇敢和无畏，但实际上我是一个彻头彻尾的拉文克劳派：安静，古怪，彻头彻尾的麻烦绝缘体。我的朋友们都说我是"乐趣过敏"体质，平心而论，他们的评价很中肯。哪怕是在周五晚上，我都会宅在房间里学习，我甚至不记得参加过什么派对。我选择了化学专业，这意味着我要上整整三个学期的有机化学课。后来，我不但当上了那个班的助教……还做了两次。所以，我绝对属于那种对"乐趣严重过敏"的人。

说到有机化学导论，最有趣的部分莫过于学习如何构建分子——不是在实验室里，而是在纸上。你要将基本分子结构组合成另一种分子，比如：

> 反应物：苯，甲醛
>
> 生成物：二苯基甲醇

你的任务是规划出从反应物到生成物的路径。例如，上述任务可以用一个五步反应过程达成，涉及溴化铁、溴、镁、四氢呋喃和氯铬酸吡啶。

我知道这样的任务看上去似乎与魔法无关，但就像上烹饪课一样，你会学会如何发明新菜式、制造刀具、习得新技能，而不仅仅是如何拿刀或照着菜谱做菜。有机化学导论的课程结构很严谨，也没有太多的条条框框，学生们可以充分发挥自己的创造力。

后来，我又选修了高级有机化学。

一天，主讲教授拿着一瓶无糖可乐走进教室。他像广告里的代言明星一样仰起头喝了一大口，感叹了一声，然后假装对着镜头做了个鬼脸，赞叹道："无糖可乐，生命长青。"对这位教授来讲，这样的开场白再正常不过了；他可能有一半的课都会以这种方式开始。（尽管他上课的方式很奇怪，但他绝对是位出色的老师。）我记得，他当时在黑板上写下了一个化学反应式，让我们猜生成物是什么：

> 某种化学成分 + 另一种化学成分 → ？

我以前从来没有见过这种反应，从我周围同学的表情来看，他们也和我一样毫无头绪。见没人回应，老师又加上了4个字母：

某种化学成分 + 另一种化学成分 → AHBL

"有人知道什么是AHBL吗？"他问道。

37名品学兼优的学生顿时惊慌失措，他们之前从没有学过这样的内容。虽然我已经好几年没有背过元素周期表了，但我仍然很确定"A"和"L"都不是化学元素符号，氢（H）通常不会夹在其他原子中间，硼（B）也总是与两个元素结合，而不是三个。而且奇怪的是，这4个字母全是大写的。

正确的答案原来是：

某种化学成分 + 另一种化学成分 → "天崩地裂"

（All Hell Breaks Loose）

也就是说，两种相当简单的化学物质发生反应，生成了无数种新产物。对一个试图合成某种物质的化学家来说，这种反应毫无价值。

我到现在还记得那个反应式。左边很简单，右边则很混乱。总而言之，这与我们在有机化学导论课上学到的那些简单且迷人的反应式完全不同。

我们的身体每天都要摄入大量不同的化学物质：水、奇多食品、香烟、防晒霜、水烟雾……几乎无穷无尽。假如所有这些物质都会与构建人体的化学物质发生反应，结果会如何？

是不是会"天崩地裂"？那么，这些"天崩地裂"的化学反应会影响我们的健康吗？

我将试图回答这个问题。但我的发现令我备感惊讶，因为科学领域的一切都和我的想象截然不同。在公布答案之前，我想先花点儿时间说说我是如何找到答案的。

我主要依靠阅读。

我阅读的大多是科技类信息，虽说是阅读，但其实这个过程更像解码或翻译，因为科学术语确实很难理解。它有自己独特的词汇、语法、节奏、习语，甚至攻击性语言也自成一派。（例如，在英语中，形容某人"不严肃"至多表示他很有趣或漫不经心；但在科学领域，同样的词语则带有严重的侮辱性，就像你迅速把白手套摘下来扇别人一个耳光一样。）

要想解码科技类的信息，你就必须阅读那些专门为科学家写作的文章，它们叫作"期刊文章"，但大多数科学家称之为"论文"。科学家在完成实验或产生自己的想法后会公开发表论文，以便其他科学家了解。这种情况不断发生，于是产生了大量论文：全世界的论文总量已超过6 000万篇，每年还会新发表大约200万篇。学会阅读科技类论文，会让你进入一个全新的世界。倘若你对世界的运转方式存在疑问，比如"植物如何利用光和空气制造出糖？""人们往屁股里放的最奇怪的东西是什么？"，你就可以浏览一下现有的相关论文。科学家称之为"文献"。

为了解决我撰写本书时遇到的问题，我也查阅了科学文献，并沉迷其中。在我阅读了上百篇论文后，我逐渐意识到我以前了解的某些信息其实是错误的。当我阅读的文献达到500篇时，我发现了许多有趣的事实和经历，我想我应该把它们记录下来。在我看了1 000篇论文、采访了50位科学家之后，我觉得自己看待世界的方式发生了颠覆性的转变。我希望你们在阅读此书时也能产生和我阅读文献时一样的感受。

在我们开启探究科学的奥德赛之旅前，我简要介绍一下我自己以及沿途的景象。过去10年，我的工作就是尽可能地用准确、有趣的语言，把科学知识介绍给广大读者。所以，我不会像专业科学家那样罗列科学文献。我会浅尝辄止地把自己的体会讲出来，就像品酒师一样，只是我的措辞不如品酒师华丽、唯美。书中难免有错误，倘若你发现了任何错误，烦请及时告知我。我一定会对你指出的错误做深入研究，没准儿我还会因此大受启发呢！

此外，本书还有一个遗憾之处：因为相关信息太多，我不得不忍痛舍弃了许多内容。我在这里绘制了一个简易表格，帮助读者提前了解在本书中能看到的内容和看不到的内容。

本书涉及内容	其他书涉及内容
加工食品属于"坏食物"吗？我们对此有多确定？	你的碳足迹
防晒霜安全吗？我们应不应该涂防晒霜？	转基因食品
电子烟安全吗？	科研经费
咖啡是好还是坏？	政治
你的疾病告诉了你什么？	足球
公共泳池的气味从何而来？	棒球
摄入过多的芬太尼之后晒太阳，会产生什么后果？	各种球类运动
木薯和苏联间谍之间有什么共性？	
你能活到何时？	

右栏的主题同样重要，其中多个与本书内容存在着千丝万缕的联系，只是我得为后面计划写作的一系列书籍保留一些素材！

好了，下面请大家系好安全带，我们的旅途可能会有些颠簸。

——————

附言：在接下来的篇章中，我会标明哪些是本人观点，哪些是广泛认可的看法，哪些是存在争议的问题。对于其他人的观点，我至少会用一篇文献作为支撑材料。此外，我采访了80多位科学家，确保本书涉及的内容准确无误。

第一部分

什么是加工食品？

"咖啡灌肠操作流程（居家DIY）"

————YouTube（优兔）网站上的

一个视频标题

第 1 章
加工食品是否有害？

本章关键词：
成分标签，糖尿病，无人岛屿，色情影片，
自制奇多食品

通往地狱的路不再是用黄油铺设的。

地狱之路上铺满了鹅卵石状的里斯巧克力，并用喷涌牌糖果作为装饰，上面还点缀了奇多妙脆角碎屑。人们乘坐的死亡战车用士力架和特趣巧克力精心打造，配上用奥利奥饼干制成的车轮，在哈瑞宝糖果的驱动下飞速驶向地狱之门。

地狱之路上铺就了大量人造化学物质，它们都是对天然食物的拙劣仿制，经过防腐处理，被装入光鲜的防腐包装盒，再被投入市场。简言之，它们就相当于毒药。

真的是这样吗？

当然，加工食品并非一般意义上的毒药。你绝对不会在食用奇多食品后立即死亡，毕竟其中不含氰化物。但倘若你每天食用两袋，并把这个习惯坚持30年，会产生怎样的后果呢？粗略算一算，你总共吃了21 915袋奇多食品，重1 300多磅①！你患

———————————

① 1磅≈0.45千克。——编者注

上心脏病、癌症或死亡的风险会增加多少？你又如何确定这是由奇多造成的呢？毕竟，你没有办法让奇多接受法官的审判。即使可以，如果你无法证明一块裹着奶酪的膨化玉米饼会伤害人的心脏，你也无法给奇多定罪。

尽管工业化加工食品的生产流程完全合法，但是关于这类食品会增加患癌症风险，增加心脏病发病风险，以及对人体有害的说法，也绝非空穴来风。倘若你认为加工食品对健康有害，而且每次吃这类食品的时候都会感觉不舒服，那么我建议你顺应身体的自然反应，将其视为日常生活的一个重要参照标准。不过，你的身体反应也有可能只是一种"反安慰剂效应"，即面对糟糕事物的"安慰剂效应"。换言之，如果你对某种东西的预期是负面的，它可能就会产生负面效应。但即便如此，你也不能将"感觉不舒服"作为制订长期规划的依据。从长远来看，很多让人感觉不舒服的事情并不会增加死亡或患病风险，比如普通感冒或打电话投诉有线电视公司等。而一些让人感觉舒服的事情却有可能增加死亡或患病概率，比如吸烟。

在制订一份长期规划时，你需要了解以下几点：

1. 摄入多少加工食品才会对人体有害？

2. 摄入加倍的奇多食品会导致健康风险相应加倍吗？为了避免健康风险，最多可以摄入多少奇多食品？

3. 每多摄入一袋奇多，会对人体造成多大的影响？

4. 什么是坏食物？你愿意为食用加工食品的习惯付出多大的健康代价？

我以为通过谷歌搜索，一定能找到这些问题的答案。事实证明，的确存在一部分答案，我也找到了一些。但在搜索过程中，我发现了更多的信息。这些信息改变了我对食物的认知，但它们并没有像我期待的那样，使我对食物的认知发生根本性变化。我依然从浸在牛奶里的奥利奥饼干中看到了魔鬼撒旦的影子，而非切斯特猎豹天使般的和谐吟唱。一切都还是老样子，只不过我的生活仿佛多了一个维度。

本书将从"加工食品"这个话题入手。第一部分旨在探讨加工食品对人体健康的影响及其原因。第二部分则将加工食品放在一边，讨论人们日常接触的大量化学物质，比如防晒霜和香烟等。第三部分将提供可怕的数据，并探索为何科学的发展会产生如此可怕的后果。最后，本书将探讨这一切可能会对我们产生的影响。

言归正传，下面让我们从头开始吧。想要搞清楚加工食品对人体是否有害，我们先要给加工食品下定义。为什么呢？我们来看看下面这个测试加工食品是否会影响血压的实验（纯属虚构）：

1. 把100名受试者关在一个房间里。

2. 要求其中一半受试者食用以加工食品为主的食物，其他受试者则食用非加工食品。

3. 每日测量受试者血压，持续10天。

实验开始之前，受试者需要就加工食品的定义取得一致，因为他们需要外出购买测试所需的所有加工食品。

如果"加工食品"的定义不明确，实验结果就会有很大的不确定性。假设受试者得到的指令是购买带有包装的食品，那么裹着闪亮金箔纸的鸭梨或特趣巧克力都符合这个标准，普通包装的燕麦或幸运符牌无麸质麦片也都符合，新鲜出炉的法棍面包或葡萄干肉桂卷也都行。可见，如果人们无法准确定义测试对象，那么测试结果极有可能五花八门，如图所示：

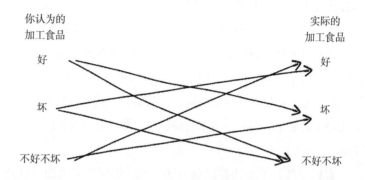

到头来，这样的测试只是自说自话，毫无意义。因此，如果我们想对"加工食品是否会加速死亡"这一命题做出科学的判断，首先得给"加工食品"下个定义。

这似乎不难，就像霍格沃茨魔法学校给学生划分学院一样。

果酱 → 未加工食品（格兰芬多学院！）

奥利奥 → 加工食品（斯莱特林学院）

玉米饼 → 格兰芬多学院！

奇多食品 → 斯莱特林学院

橄榄 → 格兰芬多学院！

星爆糖 → 斯莱特林学院

但我不得不承认，霍格沃茨魔法学校的划分方法显然不太科学。上面提到的所有食物，无论它们属于格兰芬多学院还是斯莱特林学院，都经过了不同程度的工业化加工。所以，从本质上讲，我们对食物进行分类的依据就是自身对食物的好恶。但是，把上面提到的那些食物统统归入"加工食品"的范畴，似乎也有问题。一方面，如果"加工食品"的范围这么大，能够同时涵盖果酱和奇多食品，这个类别就毫无意义。另一方面，"未加工食品"的清单可能会因此少得可怜，基本上只剩下生肉和蔬菜了。

我认为加工食品和未加工食品之间应该存在某些本质上的区别，就像经典儿童影片《哈利·波特与魔法石》和色情影片《哈尔利·波勒与一丝不挂》[①]一样。

人们比较认可的给加工食品下定义的一种方法是根据食品的复杂性，食品的复杂程度取决于两个因素：食品成分的复杂程度和食品成分发音的复杂程度。化学家也许会认为这个说法荒谬而愚蠢，但我觉得它是值得探究一番的。可以肯定的是：这种定义方法既简单又明确。但如果你试图以此为依据对加工食品进行科学研究，那就不太合理了。为什么呢？想象一下，你根据这两个衡量标准制定出一个"加工食品指数"（PFI），如下所示：

PFI = 食材总数 + 食材名称所包含的音节总数

彩虹糖的加工食品指数如下：

―――――――――

① 该片纯属虚构。

食材	食材名称（英文）所包含的音节数量
糖	2
玉米糖浆	3
氢化棕榈仁油	9
柠檬酸	4
木薯糊精	6
玉米变性淀粉	5
天然及人造香料	10
诱惑红色淀	4
二氧化钛	7
诱惑红	3
柠檬黄色淀	4
柠檬黄	3
日落黄色淀	4
日落黄	3
靛蓝色淀	3
亮蓝	2
亮蓝色淀	3
柠檬酸钠	5
巴西棕榈蜡	4

彩虹糖的 PFI = 19 种食材 + 84 个音节 = 103

聪明豆的加工食品指数如下：

$$PFI = 9 + 34 = 43$$

咖啡的加工食品指数如下：

$$PFI = 大约 1\ 000^{①} + 大约 4\ 000 = 大约 5\ 000$$

我们凭直觉判断，彩虹糖和聪明豆的加工程度大致相当；但依据PFI，彩虹糖的加工程度是彩虹豆的2.4倍。咖啡的加工过程相对简单，只需烘焙、水煮，但PFI显示它的加工程度是彩虹糖的49倍，是聪明豆的116倍。

这一问题的症结在于，PFI实际上衡量的不是加工程度，而是美国食品药品监督管理局（FDA）对成分标签的监管方式及化学家对分子的命名方式。例如，富强粉中含有一种分子，它有三种不同的名称：

核黄素

维生素B_2

7, 8–二甲基–10– [(2S, 3S, 4R)–2, 3, 4, 5–四羟基戊基]苯并 [g] 芘蝶啶–2,4–二酮

尽管这三种名称指代的是同一种分子，但根据它们计算出的PFI却存在很大的差异。如果遇到像咖啡这样成分更复杂的分子混合物，这个问题就会更加突出。咖啡根本没有成分标签，所以你

---

① 咖啡豆是由活体细胞组成的，而活体细胞本身含有成千上万种化学物质。我们在烘焙咖啡中已经发现了950多种不同的化学物质，可能还存在更多尚未发现或未被确认的物质。

依据什么来计算它的PFI呢？用"咖啡"（英文为coffee，PFI＝3）还是"咖啡树"（英文为coffea arabica，PFI＝6）？或者像我上面做的那样，依据一杯咖啡包含的所有化学物质总和（PFI＝5 000）？选择的依据不同，计算出的咖啡加工程度也会不同，它可能是彩虹糖的1/30，也可能是彩虹糖的49倍。

因此，虽然人们在杂货店购物时，可以凭借直觉快速甄别食物的"复杂成分"，但此举显然不适用于科学研究。

制定一套判断食品加工程度的合理标准，并使之在科学实验中发挥作用，这并不容易做到。营养学家兼公共卫生研究者卡洛斯·蒙泰罗（Carlos Monteiro）和他的团队设计了一种名叫NOVA的食物分类系统。NOVA分类系统根据食物加工的"性质、程度和目的"对食品进行分类，即如何加工食物、把食物加工到什么程度、为什么要对食物进行加工。NOVA分类系统摒弃了单纯的数值界定或简单的二分法（加工食品或未加工食品），而是根据加工程度的高低把食物分为4类，从"未加工或加工程度很低的食品"到"超加工食品"不等。下面给大家列举一些实例：

第一类：适合食用的动物或植物及其组成部分，或经过加工尚能保持（大部分）原始形态的动物或植物及其组成部分。蒙泰罗把牛奶、干果、大米、原味酸奶和咖啡等食物归入此类。

第二类：被人们用作食材但通常不会直接食用的东西，比如黄油、糖、盐和枫糖浆等。

第三类：在第一类食物中添加第二类食物制成的食品。

火腿、果酱、果冻、油浸金枪鱼罐头和新鲜面包都属于这一类。

第四类：苏打水、冰激凌、巧克力、方便食品、婴儿配方奶粉、能量饮料、大多数早餐麦片、糖果、袋装面包，以及许多其他食品，包括奇多。

这种分类方法似乎很直观，但如果想做深入了解，就必须注意NOVA分类系统与目前人们研究食物的角度截然不同。如今，大多数营养研究都侧重于食物的成分结构，而NOVA分类系统主要关注食物的加工方式，最简单的方法就是查看营养成分。

食物A

营养成分表	
分量	100克
卡路里	160
脂肪总量	14.7克
碳水化合物总量	8.5克
食物纤维	6.7克

食物B

营养成分表	
分量	100克
卡路里	23
脂肪总量	0.4克
碳水化合物总量	3.6克
食物纤维	2.2克

从所含成分来看，上述两种食物完全不同。食物A的碳水化合物含量是食物B的两倍多，纤维含量是食物B的3倍，脂肪含量是食物B的37倍（热量是食物B的7倍）。

然而，这两种食物都属于NOVA分类系统中的第一类。（食物A是鳄梨，食物B是菠菜。）

再来看下一组食物：

食物C

营养成分表	
分量	100克
卡路里	304
脂肪总量	0克
碳水化合物总量	82.45克
食物纤维	0.2克

食物D

营养成分表	
分量	100克
卡路里	375
脂肪总量	0.1克
碳水化合物总量	93.5克
食物纤维	0.2克

上述两种食物在热量、纤维、糖分和脂肪含量方面大致相同，但NOVA分类系统却把食物C归入第二类，把食物D归入第四类。猜一猜，它们分别是什么？ [①]

NOVA分类系统强调的不是食物的成分，而是食物的加工程度，这种划分方法绝非临时起意。用蒙泰罗的话讲，它的理论依据是："当涉及食物、营养和公共健康时"，食物的加工程度是最重要的考量因素。他的战略性做法过于大胆，但似乎逐渐产生了回报：世界卫生组织、泛美卫生组织、联合国粮食及农业组织都倾向于认同NOVA分类系统。

第四类食品是NOVA分类系统的核心，即蒙泰罗所说的"超加工食品"或"超加工食品与饮料"。它们指的是"主要或完全由可食用原料和食品添加剂按照配方制成的食品，几乎不含有形态完整的第一类食品"。超加工食品包含其他几类食品中没有的添加剂，包括调味品、色素及听起来很美味的其他化工产品，比如"碳化剂、增稠剂、膨化剂、抗膨化剂、去泡剂、防结块剂、上光剂、乳化剂、螯合剂和保湿剂等"。按照蒙泰罗的描述，

---

① 食物C是蜂蜜，食物D是糖豆。

产生于工业化生产线的超加工食品，因为价格低廉、食用方便和包装鲜亮，在市场上随处可见。

你也许从未听过人们像下面这样描述加工食品，但你仅凭直觉就能轻松辨别出什么样的食品是"加工食品"：非常便宜，十分方便，特别好吃，形态与常规食物差别较大。从本质上讲，NOVA分类系统是一种合理的系统化分类方法，很多时候，你甚至可以据此判断要看哪部电影：《哈利·波特与魔法石》还是《哈尔利·波勒与一丝不挂》？

下面我们回顾一下人们如何使用NOVA分类系统做研究。

令我非常惊讶的是，饮食中超加工食品的占比竟然如此之高。在美国人摄取的所有热量中，有58%以上来自超加工食品。加拿大人的情况也好不到哪里去，他们摄入的48%的热量来自超加工食品。自命不凡的法国人为36%。美国人的状况虽然比法国人糟糕，但比西班牙人（61%）强；与德国人和荷兰人的78%相比，美国人简直就是健康达人！后面这几个国家的数据高得吓人，引起了我的关注。但其实，这些百分比都是基于摄入的热量来计算的，而超加工食品通常是热量密集型食品。举个例子，如果你一天只喝了两升可乐和14杯生菠菜汁，那么你摄取的热量中将有90%来自超加工食品。如果你在餐厅食用了一大份（非常诱人的）奥利奥花生酱奶昔，那么你得吃下整整两根黄油棒或者喝掉117杯生菠菜汁才能让你从超加工食品中摄入的热量占比降到51%。①

显然，我们摄入的超加工食品很多，但它们会致人死亡吗？如果会，它们是如何做到的呢？超加工食品可能致死的方式有很多：它们或者含有过量的有毒化学物质，或者缺乏有益健康的化学物质，又或者会使人发胖，进而致死。

所以，我们需要搞清楚一个问题：超加工食品真的会让人发胖吗？我们可以做如下假设：在过去的200年里，人们对超加工食品的摄入量剧增。这些食品的热量极高，价格极低，食用方便。关键是它们还会让人上瘾，这样一来，人们就会越吃越多。具体来说，就是摄入更多的糖类和脂肪，以及更少的纤维和微量元素。久而久之，你就会超重或肥胖，患各种病的风险也会增加，特别是糖尿病、心脏病及癌症等。跨国食品公司对此似乎并不在意，它们基本上还在遵循烟草行业的游戏规则：先捞钱，后害人，乐此不疲。

以上的部分假设与事实相符。例如，就像蒙泰罗描述的那样，超加工食品是人类近些年才发明的产品。可口可乐、胡椒博士、好时、箭牌、宝氏麦片、好家伙玉米花、布雷耶、吉百利、恩腾曼咖啡、百事可乐、吉露果冻和土特希蛋卷等的问世都集中在1877—1907年这30年间。随着时间的推移，我们对类似产品的消费肯定呈上涨趋势：即使你对上文中提到的调查数据存疑，你对星爆糖的熟悉程度也足以说明超加工食品有多普遍。肥胖问题变得越来越严重，在美国，肥胖群体人数是吸烟群体的两倍

---

① 如果你计算一下，就会发现一大杯奥利奥花生酱奶昔的热量超过两根黄油棒或117杯生菠菜汁（黄油属于第二类食品，而菠菜属于第一类食品）。

多。多年来，尽管全世界的健康杂志都在使出浑身解数敦促人们保持匀称的身材，但肥胖群体人数仍在增长。

说到这里，肯定有人觉得可以下结论了。我们现在面对的两个命题分别是：第一，美国人越来越胖；第二，美国人吃掉的超加工食品越来越多。于是，我们很容易将这两个命题理解成因果关系。但是，我们还需要考虑，美国社会与此同时也发生了很多其他变化：办公室工作让人养成了久坐的习惯，人们的经济压力和精神压力比以前更大，手机和反社交媒体的出现让我们以全新的方式体验到自卑、沮丧和嫉妒等负面情绪。也许你还能想出十几种让你一口气吃掉一份超大包装奇多食品的理由。我采访过的几位科学家则把肥胖问题部分归咎于人们的戒烟行为，因为尼古丁具有明显的抑制食欲的作用。还有一位科学家甚至认为房屋的布局可能也对肥胖问题产生了一定影响：新的住房理念把厨房及厨房里的所有食物放在居所的核心，这种模式致使人们更加渴望食物。别忘了人类基因的特性，纵观整个人类历史，人们在大部分时间处于食物稀缺的状态，所以人类在进化过程中总会囤积多余的热量，这也就是我们所说的"发胖"。

上述所有因素可能共同导致了肥胖问题，其中超加工食品起了主要作用，其他因素则只起到辅助作用。

如果你想弄清超加工食品是否会导致肥胖问题，你可以试试以下方法：

1. 招募大批志愿者，比如20 000人，并且确保他们愿意把生命交付给你。

2. 找两座相距大约200英里的一模一样的无人岛屿，然后分别在这两座岛屿上建造两个一模一样的旅馆。

3. 把志愿者分成两组，每组10 000人，然后把他们分别关在两座岛屿的旅馆内。

4. 要求其中一组志愿者主要摄入超加工食品，另一组则吃很少的超加工食品，如此这般持续几十年。

5. 记录下全过程。

6. 最关键的是，必须禁止这些志愿者离开自己居住的岛屿去另外一个岛屿，或者得到亲朋好友的食物接济。

这种需要受试者完成不同任务的试验，叫作随机对照试验。试验结束后，研究人员就可以比较超加工食品组和低加工食品组的肥胖风险，这两种风险的比值就是所谓的相对风险。你肯定在网上见过这个术语，我在谷歌上随手输入"鸡蛋风险"这个关键词，就查到了来自美国国家公共电台的一篇报道："研究表明，每天吃两个鸡蛋，会使心脏病的患病风险增加27%……"（先不用担心，我们在后文中会谈到能不能吃鸡蛋的问题。）

大多数与食物相关的相对风险，包括吃鸡蛋的风险，都不是通过随机对照试验得出的，而是来自这样一种实验模式：招募一个群体，定期与他们见面并持续多年，对他们的身体状况进行监测，但不要求他们改变自己的饮食习惯或行为。这种实验模式被称为前瞻性队列研究。通过这样的研究，你可以依据受试者的超加工食品摄入量对他们进行分类。然后，你可以像随机对照试验一样，比较低加工食品组和超加工食品组的肥胖风险。最后，两个数据相除，就会得出相对风险。

无论是来自随机对照试验还是前瞻性队列研究，相对风险的内涵都不变：通过这个明确的指标，你可以了解到你与别人相比有多糟糕。假设你的邻居被美洲狮撕咬的风险是25%，而你是40%，那么你和邻居的相对风险就是40/25 = 1.6。也就是说，你的倒霉值是邻居的1.6倍，你的倒霉值是邻居的160%，你的倒霉值比邻居大60%。

这些都是对同一件事的不同表达方式。大多数相对风险都与美洲狮无关，而与人们的健康状况息息相关。下面我们来看一些相对风险，尤其是超加工食品的相对风险。

卡洛斯·蒙泰罗的NOVA分类系统是新生事物，所以关于这种方法的研究并不多。目前只有一项前瞻性队列研究揭示了超加工食品与肥胖的关系：一项在西班牙进行的有8 000人参与的实验，在大约9年的时间内对受试者进行了随访。研究人员发现，9年间，那些超加工食品的摄入量是普通人4倍的受试者，超重或肥胖的风险比普通人高出26%。

有没有其他方面的研究成果呢？

法国的研究人员招募了超过10万人，对他们进行了平均5年的跟踪调查，主要进行癌症发病率的筛查。他们发现，如果受试者摄入超加工食品的量是普通人的4倍，他们的患癌风险就会比普通人高出大约23%。另一组研究人员又基于这些受试者的数据得出了这样的结论：如果受试者摄入超加工食品的量是普通人的2倍，则他们患上肠易激综合征的风险会比普通人高出大约25%。最后，通过重新分析比较西班牙受试者的数据，研究人员发现，那些摄入超加工食品的量是普通人2.5倍的人，9年内患高血压的风险比普通人高出大约21%。让人更加绝望的数据是，研究肠易激综合征风险的人员还发现，如果受试者多摄入10%

的超加工食品，他们的死亡风险就会增加14%。

不得不承认，我对这些研究结果颇感惊讶。而且实话说，我也有些害怕。患癌风险增加23%？患肠易激综合征的风险增加25%？肥胖风险增加26%？死亡风险增加14%？既然如此，为什么这些东西还能堂而皇之地大批量生产呢!?

好吧，我必须承认自己受到的惊吓可不小。

我之所以心存恐惧，原因在于：第一，这些数据的合理性让人不寒而栗；第二，我是一名化学专业人士。

第二个原因似乎无法成为恐惧心理产生的必然因素，下面我就来具体解释一下。假设你面前有两个充满氰化物的气球。其中一个气球填充的氰化物来自苹果籽，它们来自马萨诸塞州的有机苹果园，并经过精挑细选（没错，苹果籽含有氰化物，我们后面会详细解释）。另一个气球填充的是通过安德鲁索夫法制取的氰化物：在铂的催化作用下，甲烷和氨在超过1 093摄氏度的氧气中经过燃烧反应产生氰化物。你觉得吸入哪个气球的气体更安全？

答案是：都不安全，它们都会致人死亡。对化学领域的专业人士来讲，如果两个分子的化学结构相同，它们对人体的作用就是一样的，这个道理毋庸置疑。无论是从苹果籽中提炼的氰化物，还是人工合成的氰化物，本质都是一样的。现在，你用"奶油蛋糕"一词替换"氰化物"，也会得出一个类似的结论：艾娜·加藤在自家厨房烘焙的蛋糕和工厂生产的蛋糕一样，本质上都是蛋糕，没有任何不同。因此，如果你觉得这两种蛋糕会对健康产生截然不同的影响，并认为工厂生产的蛋糕会含有某些添加剂，这对化学专业人士来说恐怕是不合理的。但这正是蒙泰罗持有的观点：食物的加工过程比食物本身更重要。对化学专业人士来讲，蒙泰罗的说法无异于"天然氰化物的毒性小于工业制造产生的氰化物"，这毫无道理可言。但从大多数非科学人士的角度来看，蒙泰罗的观点更有说服力，更直观易懂，也更显而易见。这种观点上的差异总会带来同样的对话结果。比如，当一位化学专业人士和普通人谈论食物时，过程可能如下：

化学专业人士视角下的对话

嬉皮士

我只买有机、纯天然、生的未加工食物。

化学家

你对食物的要求没有任何意义。

嬉皮士

有意义！这意味着我购买的食物不含化学物质。

化学家

你对食物的要求是不合理的，因为每种食物本质上都是化学物质。你知道地球上包括你在内的一切都是由化学物质组成的吗？

嬉皮士

我的身体就像一座圣殿，对食物的要求很高。

化学家

你那巨大而空旷的身体只允许牧师进去？

嬉皮士

我觉得天然食品更健康，仅此而已。

化学家

（被一记重拳打到脸上，鼻骨断了。）

下面，我们再从普通人的角度看一看：

非化学专业人士视角下的对话

忧心忡忡的消费者

我想选择健康的食物，但我对眼前琳琅满目的食物不了解，也不知道哪种食物更可靠。所以，我选择购买有机、天然的东西，这样我的感觉会好一点儿，或许我能因此变得更健康。

转基因支持者

你上当了，那不过是愚弄人的商业炒作。

忧心忡忡的消费者

他们在食物中添加的化学物质有害吗？我不知道那都是些什么……

转基因支持者

所有食物的成分说到底都是化学物质。你本人就是百分之百的化学制品，你周围的一切都是百分之百的化学制品，过去和将来的一切也都是化学制品！

忧心忡忡的消费者
你真的没必要大喊大叫。

转基因支持者
不要不懂装懂，乡巴佬。

忧心忡忡的消费者
我只想买天然、有机、无添加剂、无激素的未加工食品。你滚一边去。

转基因支持者
（无缘无故又给自己一拳。）

再看看下面这两种观点：

嬉皮士：化学物质对身体有害。

转基因支持者：所有东西本质上都是化学物质。

双方的观点都很荒谬。

对于嬉皮士的观点，我要说的是：所有化学物质都有害，这是真的吗？难道包括水、空气和所有食物在内的化学物质都是有害的吗？

对于转基因支持者，我要说的是：你听不懂话吗？嬉皮士所说的"有害物质"显然是指食品成分标签上他不会读也不认识的那些物质。因此，与其就"化学"一词的字面含义展开迂腐的争论，不如试着回应嬉皮士们的忧虑：他们只知道某些化学物质对健康有害，但无法判断哪些化学物质是有害的。

我曾经属于化学专业人士的阵营，认为"一切物质本质上都是化学物质"，也会用"笨蛋"这样的字眼来斥责别人。然而，在我阅读了大量研究报告（它们认为食品的超加工方式会使各种疾病的发病风险明显增加）后，我生平第一次产生了这样的想法：活见鬼了，也许嬉皮士们的看法没有错。这些研究报告直接挑战了我的所见所闻所学。那些装在真空包装袋里售卖的超加工面包真比面包店现烤的面包糟糕吗？冷藏罐装柠檬水呢？它们真的比不上你自制的柠檬糖水吗？那奇多食品呢？

商店出售的奇多食品通常会经历如下的加工流程：把玉米淀粉类食材放进加压设备，由此产生的大量摩擦使这些食物的内部水分受热蒸发，继而膨胀成形态各异的气囊结构，奇多独特的泡芙形状就是这样产生的。尽管这个过程看起来有些奇怪，但你完全可以利用自家厨房现有的设备，制作出相当不错的仿版奇多。为了写作本书，我不得不去向食品历史学家肯·阿尔巴拉（Ken Albala）求教。在我拜访他的前一天，他恰巧制作了仿版奇多。他的食谱如下：

1. 煮适量米粉。

2. 去除水分（其实就是用带有通风口的超低温烤箱烘烤，蒸发掉食物中的大部分水分）。

3. 在去除水分的米粉表面洒上食用油。

4. 放进微波炉中加热，使米粉膨胀。

5. 撒上你喜欢的辣椒粉末。

6. 好了！热乎乎的奇多新鲜出炉。

　　美食杂志《秀色可餐》刊载过一个非常复杂的食谱，可以完美复制出原版奇多，你可以在网上找一找。无论你吃的是肯·阿尔巴拉的即兴版奇多、克莱尔·萨弗茨（Claire Saffitz）的美食版奇多，还是从超市买来的袋装原版奇多，你吃到肚子里的终究是加了香料和调味品的碳水化合物。所以，作为一名化学专业人士，面对人们坚信自制、天然、有机的奇多比生产线上制造的奇多更健康的看法，我的肠胃做出了直截了当的判断：所有奇多食品之间根本没有区别。

　　然而，在我浏览了大量的相关数据后，我得出了这样的结论：超加工食品摄入得越多，人们的健康状况就越差，死亡风险也越高。

　　那么，到底哪种说法是对的呢？

　　在深入探讨这个问题之前，我们要先确认一下你感兴趣的不仅仅是超加工食品对健康的影响，而是所有食物对健康的影响！"我应不应该吃加工食品？"这个问题只是冰山一角。真正的问题是："我应该吃什么？"

　　我们在追寻答案的过程中，必须保持清醒的认识：无论答案是什么，总有一小部分人会大声嚷嚷，坚称他们早就知道了。（像"吃东西不要贪多，多吃素"这样的说法是不是听上去很耳熟？）针对不同的食物门类（或者防晒霜、化妆品、清洁产品等），人们的看法可能会大同小异，但也可能存在根深蒂固的分歧。这一点在"饮食"方面表现得尤为突出。人们可以尝试的饮食方式多种多样，而且新的方式层出不穷。但如果你能做到去伪存真，饮食清单上就只剩下两项：好食物和坏食物，即该吃的食物和不该吃的食物。然而，这道看似简单的二选一问题却衍生出诸多备选项，比如近年来出版的令人眼花缭乱的饮食类书籍：

《原始饮食》

《弹性饮食》

《简单饮食》

《三季饮食》

《简易饮食》

《高水分饮食》

《花生酱饮食》

《半成品饮食》

《健康脂肪饮食》

《瘦腰饮食》

《五口饮食》

《达科他饮食》

《经传饮食》

《山姆大叔饮食》

《高原饮食》

《4日饮食》

《17日饮食》

《隔日饮食》

《20/20饮食》

《刻不容缓饮食》

《驱寒饮食》

《血糖生成指数饮食》

《好心情饮食》

《盐水饮食》

《北欧饮食》

《瘦身饮食宝典》

《美国排毒饮食》

《滋阴壮阳饮食》

《助眠饮食》

《懒人饮食》

《减压饮食》

《无糖饮食》

《柠檬汁饮食》

《婴儿肥饮食》

《瑜伽健身饮食》

《四星饮食》

《武士饮食》

《非潮流饮食》

《马提尼饮食》

《万能饮食：自然减肥法》

饮食类书籍的名字就像英国酒吧的名字一样，随意且没有实际意义，但听起来很酷。两者的相似之处不止于此，有些饮食类书籍和英国的酒吧一样历史悠久。例如，以下有两本书，一本出版于1870年，另一本出版于2018年，猜猜它们分别是哪本书。

A书：

　　介绍了R. 列奥尼达斯·汉密尔顿（R. Leonidas Hamilton）教授在肝、肺、血液及其他慢性疾病诊断及治疗方面的惊人发现和丰富经验，还分享了他的生平（摘自《哈泼斯杂志》）、对病理的认识和治愈的病例。

B书：

　　这本中级肝病治疗手册介绍了湿疹、牛皮癣、糖尿病、链球菌、痤疮、痛风、腹胀、胆结石、肾上腺应激、疲劳、脂肪肝、肥胖、小肠细菌过度生长及自身免疫性疾病的治疗方法。

A书出版于1870年。顺便说一句，现代人对"自然"的痴迷并不是一件新鲜事。早在1889年，就有一本书的标题是《饮食的完美方式：未加工食物与传统食物的回归》。

太神奇了！

爱喝葡萄酒的人肯定会喜欢出版于1724年的一本著作——《葡萄汁或葡萄酒相较水的优越性》，这本书认为葡萄酒是一种功效绝佳的保健饮品，对大多数疾病都有改善作用。该书作者还列举了许多成功案例，讲解了该疗法的使用流程以及疾病的防大于治等。当然，该书作者还给酿酒商们提了一些建议。

1779年，为了不让滴酒不沾的人受到冷落，有人针对矿泉水的合理饮用出版了一本著作，并在书中提到了喝水的注意事项和治疗慢性疾病的饮食方案。

1916年，尤金·克里斯蒂安（Eugene Christian）撰写了一本长达5卷的饮食类书籍——《饮食百科全书》。这部作品用通俗易懂的语言解释了食物的化学属性和人体的化学机制，主张人们用饮食把这两个完全不同的科学分支结合起来，从而消除胃肠及其他消化道疾病的诱因。

自古以来，饮食与健康类书籍就受到了普遍关注。德国活字印刷发明家古腾堡在完成了《圣经》的首版印刷之后，就开始印制饮食类书籍，自此之后，人类从未停下脚步。当然，人们对饮食和健康的追求并不局限于书本，人们也会在互联网上寻找信息。饮食和健康是一个古老的话题，至少在300年前就有海量信息出现并延续至今。简言之，如果你在谷歌上输入"饮食和健康"，搜出的信息通常会让你十分困惑或担忧，还有可能让你惊诧不已。

首先，有关超加工食品的信息量多到可怕。其次，人类几百年来一直在赞美或诋毁不同种类的食物。谁能确定超加工食品不会成为时尚新宠？最后，人们凭借强大的直觉认为，离自然越远的食物，对人体越没好处。

在第一部分接下来的章节中，我将采用一个迂回但目的明确的路径去寻找答案。我会先探讨食物在产生过程中涉及的化学反应，再仔细考量人类祖先加工食物的三个重要原因。

原因1：避免迅速而痛苦地死去。

原因2：避免缓慢而痛苦地死去。

原因3：找乐子。

但在谈及死亡或获得乐趣之前，我们先来了解一下食物的起源，以及地球上发生的相关的重要化学反应。

第 2 章

那些有可能毁灭人类的植物

本章关键词：
二氧化碳，排便，管道系统，氰化物，
避孕套，有毒土豆，博物馆特制冰激凌

人类在学会捕杀大型动物、用火加工猎物为食之前的很长一段时间里，主要依靠植物为生。在这方面，人类并不孤单：地球上的动物要么以植物为食，要么以吃植物的动物为食，要么更进一步，吃那些以吃植物的动物为食的动物……

这就是食物链。

从本质上讲，植物很神奇：它们利用太阳能、空气和土壤让自身茁壮成长，并直接或间接地养活了整个地球上的生物。那么，它们的秘诀是什么？你以前肯定听过这个问题的答案，或者在高中时代学过，那就是光合作用。所以，你很有可能见过以下这个化学反应式：

$$6\,CO_2 + 6\,H_2O \rightarrow C_6H_{12}O_6 + 6\,O_2$$
（气态）（液态）　（溶液）（气态）

或者也可以用下图表示：

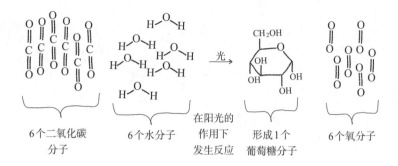

6个二氧化碳   6个水分子   在阳光的   形成1个   6个氧分子
分子   作用下   葡萄糖分子
                                        发生反应

（顺便说一句，如果你曾经在谷歌上搜索过某种化学物质，你可能会看到像上面那样的分子结构。这是一种化学速记法。每个字母对应一个原子，C = 碳，O = 氧气，H = 氢。原子间的连线表示化学键，即两个原子之间共享电子。当两条或多条连线交汇在一起时，表示交汇点处有一个碳原子；图上没有明确地画出来，但它的确存在。为什么化学家不把碳原子标示出来呢？因为对大分子来讲，这么做太费时耗力了。）

你可以回忆一下中学时代生物老师讲解光合作用的情景："植物利用太阳能将6个二氧化碳分子和6个水分子转化成1个葡萄糖分子和6个氧分子。"老师刚讲到这里，我就昏昏欲睡了。

人类直到20世纪50年代才发明了太阳能电池板，而植物早在5亿年前就学会利用太阳能了。没错，植物的叶子[1]本质上就是迷你太阳能电池板。植物找到了建造微型分子机器的方法，通过改变形状和行为来应对光子的攻击，捕获光子的能量，从而制造葡萄糖。

我们再来看下一步："……将6个二氧化碳分子……"

---

① 还包括其他可以进行光合作用的植物细胞，其中最典型的是海洋中的藻类。

从人类的角度看，大气中含有的二氧化碳太多了。（又是气候变化！）但从植物的角度看，二氧化碳则太少了。在海平面上，大气中的二氧化碳含量约为0.04%。也就是说，如果你随机选取10 000个空气分子，其中只有4个是二氧化碳分子，而其余的9 996个分子对光合作用毫无意义。因此，植物不得不想方设法从10 000个空气分子中提取出它们所需的4个分子。

我们继续往下看："……和6个水分子……"

大家都想喝清甜的水。

别急，马上就有了："……转化成1个葡萄糖分子……"

植物制造的葡萄糖有各种各样的用途：通过燃烧产生能量，和人类燃烧葡萄糖获取能量的方式一样；转化成蔗糖，和放在你家储物柜里的糖完全一样；转化成淀粉，为过冬做储备；转变成纤维素构建植物的枝干……葡萄糖的功能不胜枚举。本质上，它就是植物界的瑞士军刀。

最后且同样重要的是："……和6个氧分子。"

植物每合成1个葡萄糖分子，就会产生6个氧分子。它们将这些氧分子排放到大气中，而大气中的氧含量本来就不低，每10 000个空气分子中有2 096个氧分子。一小部分氧气被用作原料，将糖分解，释放能量，但大部分氧气都被排放到大气中。本质上，氧气就是光合作用产生的废气。

总之，植物利用太阳能和水分解二氧化碳分子，把碳原子连接在一起，形成化学性质稳定、具有水溶性的可存储能量的环状分子——糖。糖通过燃烧可以立即转化成能量，也可以构建植物枝干，还可以凑在一起形成链状结构，储存起来以备后需。

虽然糖主要由植物的叶子产生，但植物的其他部位也不能缺少这种重要物质，所以植物必须把糖从叶子输送到其他部位。对生长在厨房花盆里的香草来说，糖的输送距离大概只有几英寸[①]。但对一棵大树来讲，糖的输送距离可能长达几百英尺[②]。那么，植物是如何把糖从树冠输送到根部的呢？

在讨论植物输送糖的方法之前，我们先得看一看输送量的大小。答案很简单：输送量非常大。一棵橡树每天可以产生25千克葡萄糖，相当于一个小孩或一只雌性金毛犬的重量。大部分糖会被输送到橡树的其他部位：花、果、茎、枝、干及根部。

人类拥有神奇的循环系统：活体细胞中的浓稠液体（血液）在强大的中央泵（心脏）的驱动下，流经大动脉、中型动脉和微小的毛细血管。但植物体内没有这么强大的系统。加利福尼亚的许帕里翁红杉是世界上最高的树，即使是这么高的树木，也能成功地把糖从最顶端的树冠（到地面的垂直距离为380英尺）输送到离地表100英尺深的树根。它是怎么做到的呢？答案是通过韧皮部。你可能在教材中见过韧皮部："木质部负责把水从植物的根部输送到其他部位，而韧皮部负责把糖从植物的叶子输送到其他部位。"

韧皮部的组织结构非常复杂，其主要部件叫作筛管。本质上，筛管与水管无异。两者之间唯一的区别在于材质，设计网站

---

① 1英寸＝2.54厘米。——编者注

② 1英尺≈0.30米。——编者注

上展示的纯手工水龙头是用铜制成的，而筛管的原料是活体细胞。无数活体细胞首尾相连，形成与石油管道类似的结构；细胞连接处布满了孔洞，就像厨房里的筛子一样。这样的结构叫作筛分子，植物叶子中的筛分子的直径约为百万分之一米。[①]想象一下，用一根直径只有百万分之一米而长度却有几百英尺的吸管吸（或吹）糖水，需要用多大的力量？植物日复一日、年复一年地重复着这样的过程，它们是怎么做到的呢？

答案是：通过光合作用。对人类来说，光合作用的效率极高。在理想状况下，一些植物仅用60个光子就能合成一个葡萄糖分子。（当你抬头仰望晴朗的蓝天时，每秒钟会有大约300 000 000 000 000个光子射入你的眼睛。）即使在不太理想的情况下，一片中等大小的叶子每天也能生产大约800毫克的糖，并源源不断地向叶子内部的筛管输送。你应该知道，狭小的空间里填塞的东西越多，产生的压力就会越大。好在筛管的压力可以很快得到纾解，因为糖都会被输送到植物的其他部位。[②]

因此，你可以把光合作用想象成一种泵，这不是一种遵循压缩原理的机械泵，而是一种特殊的化工泵——通过生产越来越多的糖，迫使它们自寻出路，到达某个与筛管末端连接的部位。

但你千万不要误以为由于植物的泵不是机械泵，所以不够强大。事实上，它们产生的压力不容小觑。这么说吧，你去看病的时候，医生会给你量血压。如果你的身体无恙（并且足够幸

---

① 大约相当于人类发丝直径的1/10，也相当于1978年款福特斑马轿车宽度的百万分之6，内布拉斯加州宽度的3 000亿分之一。

② 这里对该过程做了简化。事实上，叶子含有的糖浓度较高，通过渗透作用将水吸入筛管，产生压力，从而将糖从叶子输送到植物的其他部位。

运），你的血压就应该在2psi（磅力/平方英寸）左右。汽车的胎压约为32psi，比血压的15倍还多。植物体内虽然没有中央泵，但它们可以把筛管的压力加大到约145psi！这相当于你戴上水下呼吸器，潜到海平面以下100米的地方所感受到的压力。这时，你的每平方英寸的皮肤承受的压力与植物内部直径只有头发丝的1/10的筛管承受的压力相同，这实在匪夷所思。

所以，当你再次看到树木时，一定要花点儿时间向它们致敬，因为它们拥有世界上最先进的管道系统。

接下来，我们看一下流经这个管道系统的物质。植物通过光合作用在叶子中合成大量的糖，但它们合成的不是固体糖。植物内部几乎所有的化学反应，包括光合作用，都要在水中进行。所以，植物合成糖的过程也需要水作为媒介。植物通过韧皮部输送糖时，更离不开水。

如果你往一杯茶或咖啡里加两茶匙糖，得到的糖溶液的浓度大概是3.3%。对大多数人来说，这个甜度已经足够了。一罐可乐的糖浓度大约为10%，①而植物汁液中的糖浓度从10%到50%不等。所以，有些植物筛管中的液体含糖量可能是罐装可乐的3倍。由此可见，植物是世界上最早的糖浆生产商。

我们用"美味""可口"等赞美之词形容水果，但水果的独特之处恰恰源于神奇的果糖。果糖经由成千上万条百万分之一米粗的筛管，从植物的叶子流向根部。很难想象，筛管居然像消防软管一样坚韧，能够承受相当于海平面以下100米的压力。

---

① 如果你曾经品尝过浓度为10%的糖水，就会知道那个味道甜得令人恶心。可口可乐、橙汁和其他果汁中添加了酸性物质，以掩盖糖分过多带来的味道。

糖仅仅是一个开始。

如果你对常吃的食物追根溯源，就会发现它们都来自植物。光合作用把由碳、氢、氧三种化学元素组成的两种分子都转化成糖。植物通过燃烧糖获取能量，也会以淀粉或脂肪的形式把糖储存起来。因此，人类最重要的三类食物——糖、淀粉和脂肪——都是光合作用利用碳、氢、氧三种元素制造的产物。（纤维素也来自这三种元素，虽然纤维素称不上食物，但有利于排便。）

植物也能制造蛋白质，这个过程需要氮。有些植物通过根部吸收土壤中的氮，其他植物则会与微生物合作，通过分离大气中的氮气制造氨，然后利用氨合成蛋白质、维生素和DNA（脱氧核糖核酸）。

总之，光合作用将碳、氢、氧、氮转化成糖、淀粉、纤维素、脂肪、蛋白质。植物还可以从土壤中吸收矿物质，制造人类生存所需的某些维生素。就这样，植物把人类不能食用的东西变成了食物。

植物把这些营养物质储存在哪里呢？答案是：自己的身体里。别忘了，植物的主要成分是水。植物体内含有人类和其他动物赖以生存的一切。[1]

如果你是一株植物，那么你的生存离不开水、空气、阳光和土壤，但这也会成为你的软肋。你的全身都是食物，你的"静脉"系统源源不断地给身体输送高浓度的糖浆。而且，你没有任

---

[1] 没错，如果你只吃一种植物，可能无法获取身体所需的各种氨基酸、维生素或矿物质。但如果搭配合理，即便你是严格的素食主义者，也能充分获取身体所需的各种营养。

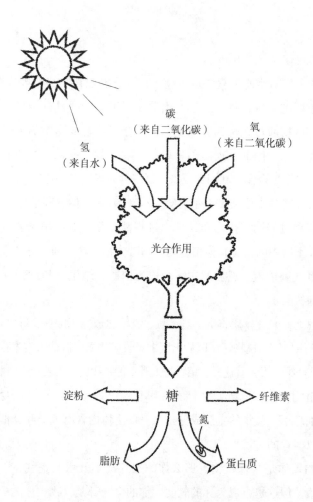

何防卫能力。你不能自主移动，也不能咆哮、吠叫、啃咬或出拳。基于以上种种原因，许多昆虫和动物都想把你吃掉。

那么，你要如何应对这种危机四伏的情况呢？

20世纪80年代初，澳大利亚维多利亚州西部遭遇了20世纪最严重的一场干旱。50只安哥拉山羊危在旦夕：缺水意味着草场枯竭，这些可怜的山羊只能忍饥挨饿。后来，有人砍倒了一棵糖胶树。糖胶树可以长到100英尺高，它们常常充当农场的防风林。被砍倒的糖胶树提供了大量树叶，尽管山羊不喜欢吃这样的树叶，但总比活活饿死好。

不幸的事情发生了，吃完这些树叶不到24小时，将近一半的山羊死掉了。（如果不是牧羊人及时采取措施，其他山羊也会死掉。）这是怎么回事呢？

罪魁祸首是氰化物这种看上去很美的分子。

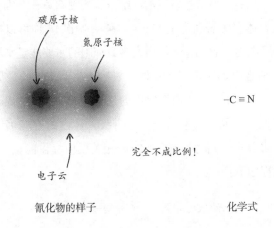

碳原子核

氮原子核

$-C \equiv N$

完全不成比例！

电子云

氰化物的样子 　　　　　　　　　　化学式

14个负电荷如云团般围绕在两小簇正电荷周围，其中一簇正电荷是正6价，另一簇是正7价。里层的正电荷看不见，但外层的负电荷看起来就像按照重量大小依次排列的哑铃，并形成了一层薄云。越靠近正电荷，负电荷的密度就越大；而随着与正电荷的距离越来越远，负电荷的密度也越来越小，这就像距离越远，气味越淡一样。

氰化物的结构很简单，仅由两个原子组成：一个碳原子和一个氮原子。氰化物的质量很小，在地球上所有的已知分子中，只有4种分子比氰化物轻。[1]氰化物含有剧毒，对像我这种体重约为160磅的人来说，0.1克氰化物就有可能致命，0.5克则绝对致命。如果剂量足够大，它的致死速度可能会非常快，从人的嘴巴接触氰化物到咽气不会超过60秒。当然，心脏可能会在人的呼吸停止后继续跳动3~4分钟。

氰化物的毒性之所以这么大，是因为它与氧十分相似，但实际功能与氧大相径庭。当人们吸入空气时，肺部的红细胞会吸收氧气。然后，血液将氧气输送给身体各处的每一个细胞。在那里，线粒体利用氧气产生ATP（三磷酸腺苷）。你可以把ATP想象成分子电池，它们是人体内大多数细胞的主要能量来源，所以大多数细胞内都有很多线粒体。氧对于生产ATP的最后一步至关重要。数个电子（来自食物中的化学键）和两个氢离子（可能来自饮用水）及一个氧分子（来自吸入体内的空气）结合，形成一个水分子，同时为制造ATP的相关反应提供能量。本质上，反应过程如下：

$$电子 + 氧 + 氢 → 水 + 制造ATP的能量$$

我们还可以把它简化成：

---

[1] 它们分别是氢气、甲烷、氨和水。（氨是原子，不是分子。）

$$食物 + 空气 + 水 \rightarrow 能量$$

这个化学反应是人类生存的基础。为了获取电子，你需要吃东西；为了获取氧，你需要呼吸；为了获取氢，你需要喝水。缺了其中任何一样，你就会面临死亡。

制造ATP的化学反应通过一系列步骤让氧、电子和氢离子准确归位，而这一过程的顺利进行需要很多酶[①]的参与。正是在这个环节，氰化物找到了乘虚而入的机会。氰化物将自己伪装成氧分子，与路经的一种酶结合。如果你吸入的不是氰化物而是氧，氧会与这种酶结合并由一个氧分子分裂成两个氧原子。但如果你吸入的是氰化物，氰化物会迅速扩散到线粒体中，代替氧与酶结合。与氧不同，氰化物分子不会分裂，所以酶只能待在那里，无法正常发挥作用。最终，氰化物会解开束缚，让酶恢复工作状态，但在酶被束缚的这段时间里，ATP的生产也中断了。

$$电子 + 氰化物 + 氢 \rightarrow 没有反应$$

人体内有几万亿个线粒体。倘若你吸入一个氰化物分子，它可能只会影响一个线粒体制造ATP的数量，而这个线粒体只占你体内线粒体总数的37万亿分之一，这种状况不会对你产生致命的影响。最终，你的身体会给氰化物分配一个硫原子，使之生成毒性较小的硫氰酸盐，并通过尿液排出体外，你的美好生活几乎不受任何影响。但倘若你吸入的氰化物过量，就会有很多线粒体停止制造ATP。

----

① 酶是一种有助于加速化学反应的蛋白质，酶的分子质量通常比参与反应的分子大得多。

吸入高剂量的氰化物会使人的喉咙产生干燥感和灼烧感。其实，不论氰化物以何种形式进入人体的循环系统，都会让人感到呼吸困难。随后，它会使人的呼吸停止，身体抽搐，意识丧失。此时人可能还有心跳，但很快就会死亡；如果情况稍好，大脑尚能工作并维持心脏的正常跳动，你的心脏将会在几分钟后耗尽ATP，停止跳动。这种症状与肺部缺氧的状况有些相似，但令人难以置信的是，氰化物中毒者的肺部及体内并不缺氧，只是氧无法在体内正常发挥作用。

对体内有线粒体的生物来说，摄入足量氰化物就会致死。线粒体在生物体内并不少见，安哥拉山羊、普通山羊和人类都有，猫、狗、沙鼠、雪貂、狐猴、长尾小鹦鹉、鼹鼠都有，昆虫和哺乳动物也都有。本质上，任何靠植物为食的生物体内都有线粒体。一株可以产生氰化物的植物会精准攻击它的天敌的线粒体。

氰化物的结构很简单，它由碳和氮组成，这是植物轻而易举就能从空气和土壤中获取的两种元素。氰化物很轻，只有两个原子，与由成千上万个（或更多）原子构成的蛋白质相比，氰化物的能量需求很低。氰化物可以瞬间破坏生物制造能量的机制，这是维系生命的核心功能之一，所以对很多植物的潜在天敌来说，氰化物都是一种几乎完美的毒药……

但它也有不完美之处：植物体内同样有线粒体。所以，氰化物既对植物的天敌有毒，也对植物本身有毒。为了解决这个问题，植物想出了一个简单而迂回的办法：它们不会直接制造氰化物，而是将氰化物附着在无毒的糖分子上，合成氰苷。

氰苷就像手榴弹一样，弹体是氰化物分子，引信是糖分子。

当引信不动时，它就是无毒的。

当把引信拉出时，它就含有剧毒。

氰化物
（危险的手榴弹）

糖
（无毒的引信）

　　拉出氰苷手榴弹的引信需要一种特殊的酶，叫作 β–葡萄糖苷酶，我们可以称它为"菲利普"。菲利普喜欢拉出氰苷手榴弹的引信，这是它天生的使命：

菲利普＋手榴弹 → 嘭！

　　氰苷手榴弹没有毒性，菲利普也没有毒性，但它们凑在一起就会释放氰化物。如果植物把这两种物质储存在细胞的同一位置，它们就会立即发生反应，产生氰化物，给自身带来严重损害，甚至死亡。这太糟糕了，所以植物会把氰苷手榴弹和菲利普储存在不同的部位。倘若植物正常生长，则一切正常，两者就不会碰面。但如果一只甲虫或毛毛虫开始啃食植物——啃咬、撕扯、揉压、咀嚼植物叶片——原本阻止菲利普与氰苷手榴弹碰面的细胞膜就会破裂，菲利普也会完成它的使命，不顾一切地拉开氰苷手榴弹的引信。这时，食草动物就会倒大霉，氰化物在它的消化系统中兴风作浪，把周围的细胞全部憋死。

氰化物的毒性十分强大，有2 500多种植物的体内包含由氰苷手榴弹与菲利普组合而成的氰化物释放系统。[①]你可能知道苹果籽、樱桃核、扁桃仁、桃核和杏仁中都含有这种物质，但它们中的含量很低，即使有人不小心吞食，也没有什么危害。但在某些植物中，氰化物的含量非常高，而这些植物是全世界数百万人摄取热量的主要来源。（我们将在后文中详细讨论这个问题。）氰化物是世界上唯一的植物毒素吗？答案是否定的。

植物毒素的种类比美国参议员的人数还多，每种毒素还能衍生出20种、50种或100种功效不同的子毒素。

有些植物毒素甚至比氰化物更狡猾，比如单宁酸。单宁酸的分子较大，由数十、数百甚至数千个原子组成，与氰化物的作用原理完全不同。单宁酸不会阻碍线粒体利用氧，而是会与蛋白质结合。想象一下这样的场景：你在家中，想从一个房间走到另一个房间，这时两个孩子冲过来，一人抓住你的一只胳膊，你还可以挪动，但不得不拖着两个孩子一起。然后，又来了两个孩子死死抱住你的双腿。接着，又来了一个孩子，抱住了你的腰，还有两个孩子分别挂在你的脖颈和肩膀上。就这样，几个孩子让你

---

① 氰化物不仅存在于植物中。铜绿假单胞菌是一种常见的耐药菌，感染这种细菌常会产生并释放氰化物。

寸步难行。单宁酸正是通过这种方式绑架了蛋白质。[①]

食用含有大量单宁酸的食物可能会产生的后果之一是，单宁酸与食物中的蛋白质结合，阻止蛋白质的正常消化。遗憾的是，摄入了单宁酸的哺乳动物会把富有营养价值的蛋白质以粪便的形式排出体外。如果在某些母鸡的饲料中掺入1%的单宁酸，与喂食常规饲料的母鸡相比，前者的生长速度更慢，产蛋量更低，因为它们无法充分吸收摄入体内的蛋白质。高剂量的单宁酸有剧毒：它们不会让人挨饿，但会造成溃疡或其他肠道疾病。用含有5%~7%单宁酸的饲料喂鸡，鸡就会死亡；对于像牛这样抵抗力较强的动物，饲料中的单宁酸含量达到20%或更高才会致死。[②]

莎士比亚的作品中提到了历史上最有名的巫师之酒，这是一种利用生物碱调配的毒酒，其中含有毒芹根。咖啡中的咖啡因就是一种生物碱，静脉注射的吗啡和杜松子酒里的奎宁也是，此外还有尼古丁、可卡因、士的宁等。高剂量的生物碱可以彻底麻痹动物的神经系统或呼吸系统，而低剂量的生物碱可能具有某种特殊药效。从前，生物碱大多是从植物中提炼的，大约18%的植物含有这种物质；后来，人们在实验室中制取出生物碱。

---

① 人们喝红酒或吃其他含有微量单宁酸的食物时，嘴巴会发涩，这是因为单宁酸会与脸颊内侧的蛋白质结合。

② 大多数动物都不喜欢单宁酸，不是因为它会导致溃疡或死亡，而是因为它的口感不好。所以，这种特殊的毒素是植物向天敌表明自己有毒的威慑方式。事实上，低剂量的单宁酸对某些动物是有好处的，比如它有助于控制奶牛瘤胃内的微生物生长。

有些植物毒素的名字很特别，也很神奇。蓖麻毒蛋白属于核糖体失活蛋白质，简称"RIP"（字面意思为"撕扯"）。足量的蓖麻毒蛋白的确会让人"撕心裂肺"，而且会造成永久性伤害。还记得高中生物课上讲过的核糖体吗？它是一种分子机器，负责根据DNA序列组装蛋白质。与普通细胞相比，核糖体的体积硕大：它是由79种蛋白质和包含上千个零部件的RNA（核糖核酸）长链组成。蓖麻毒蛋白会移动核糖体的核酸位置，使核糖体彻底失活，而且这种改变不可逆。然后它继续前进，摧毁其他核糖体，每分钟可以让1 000多个核糖体失活。一旦核糖体失活的数量达到临界点，细胞就会死亡。蓖麻毒蛋白的行为太疯狂了，一个蓖麻毒蛋白分子就足以杀死整个细胞。一个蓖麻毒蛋白分子的质量大约是0.000 000 000 000 000 005克，而一个细胞的质量大约是它的4亿倍。从理论上讲，一个蓖麻毒蛋白分子杀死一个完整细胞的难度无异于螳臂当车、蚍蜉撼树。

　　其他植物毒素的毒性发作速度比较缓慢，比如单宁酸。大柄苹是一种产于澳大利亚的蕨类植物，它能产生大量的硫胺素酶。硫胺素酶能分解硫胺素，也就是维生素B_1。如果你长期缺乏维生素B_1，就会患上脚气，脚气病会让你受尽折磨、痛不欲生。1861年，两名英国探险家在澳大利亚旅行期间，误把大柄苹的果实磨成粉食用，因此染上了脚气病（和其他疾病）并最终丧命。

　　有些植物的防御模式十分常见，以至于我们都忘了它们本来的目的。比如，松树散发出的温暖而舒适的气味就是一种有效的防御系统。当昆虫啃咬松枝时，松树会从伤口处渗出包含松脂的松节油。松节油蒸发后留下硬化的松脂，将伤口封住，从而形成琥珀。所以，琥珀内部常常包有昆虫。有些植物在储存树脂时伴有很大的压力，所以当昆虫咬穿叶脉时，树脂会射出将近5英尺的距离，就像从针头里喷射出的液体一样。生物学家称之为"水枪防御法"。

乳胶不仅可以用来制作避孕套，它还可能含有数百种不同的毒素。产生乳胶的植物种类不同，其含有的毒素数量也不同。乳胶中悬浮着大量的微小橡胶颗粒，它们可以像松脂一样把昆虫困在里面，还会把昆虫的口器粘住。

植物的做法很残忍，但植物会因为它们的"累累罪行"而感到愧疚吗？要想得到答案，只有一个办法：直接去问它们。麻省理工学院的研究人员最近将欧洲嚏根草与一台苹果笔记本电脑连接在一起，试图了解植物的意识。

植物是一种不可思议的生物，但到目前为止，人类还无法让它们亲口说出自己的秘密。因此，我们无法向蓖麻籽发问：你们进化出蓖麻毒蛋白是为了专门杀死哺乳动物，还是为了让其在细胞内发挥某些重要的作用，而产生毒性只是一个美丽的意外？但许多科学家认为，大多数植物毒素的毒性属于有意为之，植物进化出毒素的目的在于阻止昆虫和动物的伤害。所有的生命形式，尤其是昆虫和哺乳动物，都依靠相同的分子维系生命。因此，几乎所有由植物制造的化学或生物武器都会影响很多物种……其中也包括人类。坦白地讲，我对所有摄入植物毒素后再经由光照引发的病症都非常熟悉，包括（但不仅限于）瘙痒、灼烧感、喉咙与呼吸道肿痛、头晕、呕吐、腹泻、呼吸困难、心脏衰竭、昏迷乃至死亡。

植物的化学武器库似乎应有尽有、势不可当，有些甚至令人震惊或恐惧，但动物王国的公民也不会束手就擒、坐以待毙。植物学家费边·米凯兰杰利（Fabian Michelangeli）说："植物可能会进化出新的毒素，但道高一尺、魔高一丈，昆虫也会通过进化来消解这些毒素，最终形成植物与动物之间的长期对峙。"

　　比如，人体内的氰化物排毒系统的运行需要倚仗硫氰酸酶。许多生物都具有这种排毒系统，主要是为了防止因误食植物中的氰化物而死亡。[①]但应对策略远不止如此，除了使用化学手段破坏植物毒素，昆虫和动物还有很多高招。为了消解单宁酸，麋鹿、海狸、黑尾鹿、黑熊等动物会分泌含有特殊蛋白质的唾液，这种蛋白质能够吸收单宁酸，阻止单宁酸与动物吸收的其他蛋白质结合。

　　很多植物都能制造氰苷，于是有些昆虫和动物便进化出多种新奇的方式来食用这样的植物。例如，六星灯蛾幼虫通过大口咬噬的方式进食，避免破坏过多的植物细胞，从而减少植物细胞释放出来的氰化物的量。六星灯蛾幼虫的中肠环境偏碱性，大大减缓了菲利普拉响氰苷手榴弹的速度。此外，它们的进食速度极快（每小时能吃4平方厘米左右的叶子），这意味着它们的排便速度也很快，从而限制了氰化物在其体内的释放量。

---

① 既然我们有了排毒系统，那为什么氰化物仍然对人体有毒？因为硫氰酸酶需要有硫才能发挥作用，而硫的来源是蛋白质。蛋白质的分解、硫的产生、硫氰酸酶得到硫、硫氰酸酶发挥作用，这些都需要时间和能量。过量的氰化物会使人体内的排毒系统彻底崩溃。

某些毛毛虫和飞蛾幼虫也有应对氰苷手榴弹的法宝。它们不会把手榴弹扔出去，而是储存起来对付捕食者。在一项实验中，研究人员在产生氰化物的植物上饲养了一组毛毛虫，在不产生氰化物的植物上饲养了另一组毛毛虫。之后，他们把这两组毛毛虫投喂给它们的天敌蜥蜴。研究人员发现，体内留存了氰化物的毛毛虫被蜥蜴吃掉的不到正常数量的一半。当蜥蜴吃到含有氰化物的毛毛虫时，它们咬上一口后就会放弃食用。随后，它们开始做出这样的动作：摇头，张大嘴巴，用下颚蹭地或蹭自己的腿，用舌头不停地舔上颚。换言之，它们的表现就像本以为能吃到巧克力曲奇饼，没成想吃到的却是燕麦提子饼。

有些毛毛虫在受到惊扰时，会吐出一小滴含有氰化物的消化液，给敌人一些警告："这样的东西我还有很多，抓我要三思，吃我需谨慎……"烟草天蛾以烟草为食，它们会从烟叶中吸取尼古丁，一旦遭到狼蛛的攻击，它们会立即释放尼古丁气体，赶走狼蛛。

为了对付可产生乳胶的植物，一些昆虫会在食用之前咬断这类植物的叶脉，等乳胶渗流殆尽再去啃咬叶片。

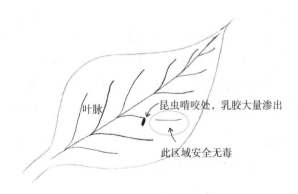

叶脉　　　昆虫啃咬处，乳胶大量渗出

此区域安全无毒

植物和以植物为食的生物之间的对峙已经持续了数亿年。人类从诞生之日起，就没有离开过这个战场。尽管植物会分泌各种新奇的化学物质来保护自己，但我们还是成功地找到了食用植物的方法。虽然我们的某些能力是天生的，比如硫氰酸酶的排毒系统，但我觉得主要还应归功于我们的创造力。

相对平坦宽阔的阿尔蒂普拉诺高原位于安第斯山脉，海拔高达12 000英尺，从秘鲁南部一直延伸到阿根廷，长600英里[1]，宽80英里。那里终年干燥寒冷，有可怕的紫外线辐射，空气像涂抹在大块面包上的小粒黄油一样稀薄。当地人的生活十分艰苦，但数千年以来，他们世代繁衍，顽强生存。野生土豆是他们的主食，有时甚至是唯一的食物。你可能会把土豆视作"配合牛排食用的淀粉包"，没错，野生土豆的主要成分就是碳水化合物。但它们还含有多种维生素、铁、镁、磷和2%~4%的蛋白质。不过，野生土豆也含有很多种有毒物质[2]，大量食用会引发"严重的胃肠道紊乱"，也就是医学上说的"胃痛、痉挛、呕吐、腹泻，或数症齐发"。野生土豆经过烹制毒性会降低，但有些毒素能耐受高温，即使经过烹制也不会减少。对于一个快要饿死的人，宁可忍饥挨饿等待奇迹出现，也不应食用有毒的野生土豆。

也许在数百万年后的某一天，生活在高原地区的人们会进

---

[1]　1英里≈1.61千米。——编者注

[2]　这些有毒物质包括糖苷生物碱、植物凝集素、蛋白酶抑制剂、倍半萜植保素等。

化出对抗野生土豆毒素的超级防御系统，但现在还不行。幸运的是，你现在完全可以做到食用野生土豆还不用担心中毒。这种方法既简单又免费，你在自家厨房或室外都能实现。这个古老的方法就是吃土，但不是什么土都行，只能是黏土，而且并非普通黏土。生长在阿尔蒂普拉诺高原上的艾马拉人在地下6~10英尺深的地方找到了帕萨、帕萨拉和扎蔻三种黏土，它们的外观、手感和味道各不相同。不过三种黏土的作用机理完全相同，它们会像海绵一样大量吸收野生土豆的毒素。无论你以什么方式吃土——用特制的黏土酱煮土豆，或者先煮土豆再裹上黏土酱（就像蘸着番茄酱吃薯条一样）——黏土都能有效消解野生土豆的毒性。帕萨是三种黏土中最有效的一种，60毫克可以吸收30毫克的番茄碱（野生土豆中常见的一种糖苷生物碱毒素），只需几茶匙帕萨粉①即可消解10~15个野生土豆的毒性。

通过吃土（或其他矿物质）消解植物毒性，这可能是人类早期对食物进行的"加工"：从大自然中取材，在食用之前，以某种方式对食材进行改造，从而满足生存所需。读到此处，你也许会想，土豆加黏土的吃法并没有对土豆进行加工啊，只是把两种东西一起吃掉而已！我再举一个关于艾马拉人和土豆毒素的例子。

---

① 你先不要着急网购帕萨粉，我可以告诉你：你根本不需要这东西。你在市场购买的土豆是改良过的品种，所含毒素已经在人工种植过程中得到消解。

小时候，我每年夏天都会参观位于华盛顿特区的美国国家航空航天博物馆。参观过程中，让我最开心的事情莫过于买一根博物馆特制的长方块冰激凌了。使用现代科技冻干物品（制作博物馆特制冰激凌）的过程如下：

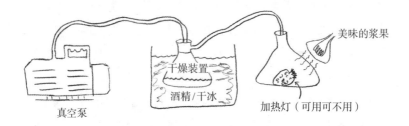

1. 准备好一个强力真空泵、酒精、干冰以及若干气密导管和烧瓶。

2. 把需要冻干的食材（比如美味的浆果）进行冷冻处理后放入烧瓶。

3. 将该烧瓶用气密导管与第二个烧瓶连接。

4. 把第二个烧瓶放入盛有酒精/干冰的容器。

5. 将第二个烧瓶与真空泵连接。

6. 打开真空泵，让其运行不少于12小时。

7. 数小时后，用红光灯低温加热第一个烧瓶。

8. 再等几个小时……

9. 最后请享用你的博物馆特制冰激凌吧。

冻干原理如下：真空泵将压力降至接近零点，使冰激凌内部的冰晶跳过融化的环节，直接蒸发。加热灯的热量可以加速整个过程，水蒸气进入第二个烧瓶后会迅速结冰。

食品的冻干工艺是一项现代技术，而艾马拉人想出了不用真空泵、气密导管或冰箱制作冻干土豆的办法：

1. 准备一些有毒土豆。

2. 把土豆放在海拔较高的地方过夜，使其自然冷冻。

3. 像法国酿酒师踩踏葡萄那样，把冻硬的土豆踩碎。

4. 把踩碎的土豆装到有空隙的柳条筐内，再把筐子放到小溪或河湾里，浸泡几个星期。

5. 把土豆放在门前的台阶上，夜晚冷冻，白天晒干，不时挤干水分，如此这般持续几个星期。

6. 这样冻干土豆就做成了！

令人诧异的是，艾马拉人处理野生土豆的方法与现代冻干技术极其相似。他们虽然没有真空泵，但充分利用了当地的自然环境——高海拔地区的低气压，他们还用温暖的阳光代替加热灯。艾马拉人的方法甚至比现代冻干技术更复杂：踩碎土豆，然后将其浸泡在流水中，从而使97%的毒素被水流带走。[①]经过此番加工的野生土豆不仅可以食用，也不会引起肠胃不适，还有利于储存（新鲜土豆只能吃一年左右，滤去毒素的冻干土豆则可以保存20年甚至更长时间）。如果你生活在像艾马拉人这样的环境中，储存足量、安全的碳水化合物来应对可持续两年或三年的饥荒，是你生存下去的关键。

---

① 这个过程也会过滤掉几乎所有的蛋白质、大量的维生素和矿物质，但是，生活总会面临取舍！

没有明确的文字记录证明艾马拉人制作的冻干土豆是人类历史上的首例加工食品，但有一点很清楚：艾马拉人加工野生土豆的目的就是消解食物中的毒性。

我们再以常见的农作物木薯为例。地域不同，木薯的吃法也有差异：要么是高档餐厅里的备选菜肴，要么是人们日常所需热量的重要来源。澳大利亚植物学家罗斯·格莱多（Ros Gleadow）说："木薯对于解决人类的温饱问题至关重要。"木薯是农民的宠儿，它们易于种植，对贫瘠的土壤或荒地有很强的适应性，几乎不需要侍弄。木薯的抗旱能力出众，成熟之后，其块根在地下的保存时间可长达3年，为人类提供了应对饥荒的物质保障。

这其中自然大有玄机。如果你还没想到，友情提示一下：这种植物的块根营养丰富、淀粉充足，却能在成熟以后的3年内免受各种动物或昆虫的侵害，你认为它们用了什么方法？猜对了！其中的秘诀就是氰化物。前文中说过，很多植物都能生成氰苷，事实上，有2/3的农作物至少有一个部位具备生成氰化物的功能。在世界各地的木薯中，有些品种的毒性很强，块根中的氰苷含量足以杀死一名成年人。遗憾的是，像烧烤、烹煮等较为简单的加工方法并不能去除木薯中的氰苷。

你还记得吗？植物会将"手榴弹"（氰苷）与"菲利普"（引信）分开存放，一旦有昆虫试图破坏植物细胞，"菲利普"和"手榴弹"就会碰面。然后，"菲利普"拉开引信，"手榴弹"爆炸，释放出氰化物。

消解木薯毒性的第一步就是反其道行之，即把手榴弹的所有引信都拉开，释放出氰化物，但这一步不能在人体内进行。比如，你可以把新鲜的木薯块根磨碎，通过物理方法破坏植物细胞。此外，你还可以通过发酵的过程让细菌或真菌替你吃下毒素。一旦生成氰化物，第二步就是去除毒素。幸运的是，氰化物易溶于水且易于蒸发。因此，你可以先把木薯捣成泥状，然后挤出水分，或蒸干水分，或在太阳下摊开暴晒几个小时。

人类进行的加工活动数不胜数，把有毒植物改造成能吃的食物只是其中之一。在人类历史的很长一段时间内，人们不得不加工大量的食品，直到今天，还有很多人采用一些基本的食品加工方式。当然，食品加工的最高境界还是通过选择性育种改变植物的基因组，使它们彻底失去毒性。

你可能会问：为什么人类不舍弃有毒植物，而改吃无毒植物呢？如果可以食用的无毒植物数量众多，你这样问尚可理解。但如果安全无毒的糖、脂肪、蛋白质十分匮乏，我们最好有一个备用计划……否则你就会饿死！这是一个简单而残酷的逻辑：能食用的东西（不管有没有毒）越多，我们存活下来的概率就越高。

但迫在眉睫的生存问题并不是人类加工食物的唯一理由。

第 3 章

人类与微生物的竞赛

本章关键词：
两头死牛，蜂蜜，水，浴帘上的细菌，
饮食专家，小绿虫，欧文斯谷派尤特族，
糖，血液

下面我们来做一个思维实验：想象一下，你面前躺着两头死牛。

　　你想让左边的那头死牛（波塔）尽快消失，因为你要毁灭这个重要的证据。但与此同时你需要尽可能长久地保存右边的那头死牛（威廉明娜）。

　　使用化学方法，波塔的尸体将很容易毁灭。比如，你可以模仿电影《偷拐抢骗》的主人公，把波塔的尸体切成小块喂猪。但说实话，根本不用那么麻烦，无论你把牛的尸体扔去哪里，它都会迅速腐烂。相比之下，保存威廉明娜的尸体难度更大。但是，这也要看你处于地球的什么地方，如果你住在北极圈附近，你就可以把牛的尸体放在室外的天然大"冰箱"里保存。

　　我们为什么要想象处理死牛的场景呢？原因在于，想象如何处理牛的尸体比想象处理人的尸体更容易让人接受，但更重要的是，大多数食物的获取都来源于杀戮。人类吃掉的几乎所有食物都曾是有生命、会呼吸的生物。蛋白质、脂肪、碳水化合物和纤维素构成了人类饮食的主体，没有这4类物质，我们就会饿死，但它们不是现成的。先是植物制造这些物质，接着动物吃掉植物，最后我们再吃掉植物和动物。如此追根溯源并不是想让你难过（或自豪），而是要你认识到我们吃的其实是植物或动物的尸体。这一点很重要，因为除我们之外的很多其他生物也对这些尸体虎视眈眈。

在人类历史的某个时期，当我们获取食物后，大多要在几个小时内吃掉，因为我们需要与鬣狗、秃鹫、苍蝇和其他肉眼可见的生物争食。当我们产生一个疯狂的想法，即把获取的食物储存起来，几天或几周后再吃时，我们就是在与肉眼不可见的细菌争食！双方试图在速度上超过对手，看谁先吃掉一片面包、一块水果或牛肉。有一点很明确：微生物永远是最后的赢家。食品科学家苏珊娜·克尼切尔（Susanne Knøchel）曾经说："微生物诞生得比人类早，消亡得肯定比人类晚。它们终会占据上风。"为什么呢？她解释道："微生物无处不在。即使在人迹罕见的角落，我们也能发现微生物的身影。"它们飘浮在空气中，潜伏在家里的灰尘内，吸附在淋浴的喷头上，藏匿在浴帘里，它们几乎占领了整个厨房。当然，你（和波塔）的体内也有微生物，它们负责将你摄入的一部分难以消化的植物纤维发酵。事实上，你肠道内的细菌数量几乎和你全身的细胞数量一样多。我们的肠道微生物（人体微生物群的组成部分）对于我们的生存至关重要，但其具体功能尚待发掘。我们与这些生物只是处于暂时休战的状态：我们活着的时候，能给它们提供温暖、潮湿的栖息地和大量的食物；它们可以给我们提供能量，使我们免受有害微生物的侵害。一旦我们死亡，这些小东西就会立即反水，由内向外地吞噬我们。

在你死后，不仅你的自体微生物群会吞噬你，其他微生物和生物也会享用你的尸体，具体取决于你的死亡方式和地点。它们会吞噬你体内的蛋白质、脂肪、碳水化合物、维生素、矿物质及其他元素，并为自己所用，直至把你分解殆尽。你不必为此难过，几乎所有生物都会面临同样的结局。一个生物一旦死亡，通常就会变成其他生物的食物，波塔也不例外。它的内脏和软组织会率先被吞噬，骨骼的留存时间较长，但最终也会被啃噬。在被数不清的细菌、真菌、霉菌、昆虫、动物和植物瓜分之后，波塔的原子将散布到地球上无数的生物体内。

这个过程被称为分解，也叫腐烂。生物死亡后，它们的身体就会发生这种正常的变化。这也是处理掉波塔的尸体比保存威廉明娜的尸体更容易的原因。

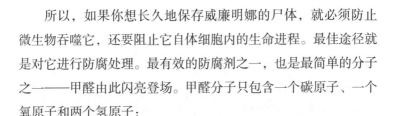

所以，如果你想长久地保存威廉明娜的尸体，就必须防止微生物吞噬它，还要阻止它自体细胞内的生命进程。最佳途径就是对它进行防腐处理。最有效的防腐剂之一，也是最简单的分子之一——甲醛由此闪亮登场。甲醛分子只包含一个碳原子、一个氧原子和两个氢原子：

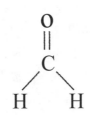

但你千万不要被甲醛分子的简单结构欺骗了，甲醛的化学性质极其歹毒和复杂。它的碳原子处于"失电子"状态，因为氧原子把电子流夺了过去。

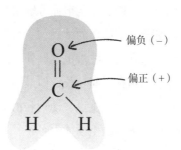

所以，甲醛的碳原子带有少量正电荷。这也就是说，它容易被其他带负电荷的分子吸引。

哪里存在带负电荷的分子呢？我们身上到处都是。几乎每个人体细胞的每个分子都符合这个条件，比如抗感染或有助于存储和复制DNA的蛋白质，构成细胞壁、帮助细胞隔离外界的脂肪，可以通过燃烧释放能量或储存能量以备不时之需的碳水化合物，还有构成基因序列的RNA和DNA。所有这些分子的某些区域都带有负电荷，能与甲醛发生反应。当甲醛遇到其他带负电荷的分子（比如蛋白质）时，两个分子便会结合。但是，反应并没有结束。甲醛在与蛋白质结合后，还会以同样的方式继续与带负电荷的其他分子结合，比如另一个蛋白质分子或一条DNA链。

所以，在反应刚开始的时候，你可能有三个分子：一个超大的蛋白质分子，一条超长的DNA链，一个极小的甲醛分子。当反应进行到最后时，这三个分子变成了一个，而把它们连在一起的正是微不足道的甲醛分子。

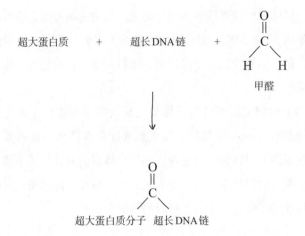

超大蛋白质分子 超长DNA链

甲醛的防腐作用就是利用了这种反应的规模效应。想象一下，在交通高峰阶段向纽约市喷洒600万加仑（1加仑≈3.8升）强力胶的场景。[①]用不了几分钟，人们就会被粘在人行道、路灯、指示牌、热狗摊及其他人身上，轿车、公共汽车、卡车和火车也会被固定在街道和铁轨上……

生命需要运动。分子的运动有既定的目标，也有明确的任务；一旦停止运动，细胞的生命就会戛然而止。对到处寻找食物的细菌来说，甲醛把大量的食物都变成了无法食用的标本，再陈列在博物馆中。所以，甲醛是最好的防腐剂。

你可能会猜测，终止生命进程的化学物质必定有毒。你猜

---

① 我做过计算：将100克普通水溶性蛋白质完全"固定"大约需要4.5克甲醛。按照同样的比例，将150磅重的人固定住需要6.75磅强力胶。纽约市人口约为800万，所以需要5 400万磅强力胶才能把他们全部固定住。大多数强力胶的主要成分是氰基丙烯酸酯，其密度约为每毫升1.1克，也就是说，5 400万磅强力胶的体积接近600万加仑。

对了，虽然甲醛的毒性不如氰化物强，但它的确有毒。甲醛的致死剂量约为12~20克，而且甲醛中毒令人十分痛苦。在被用作防腐剂之前，甲醛曾被用作鞣皮剂，也就是说，它能把动物皮肤变成皮革。

如果你把威廉明娜的尸体放在硕大的甲醛缸里，就可以长时间地保存它……虽然没人知道到底能保存多久。1899年，甲醛首次被用于尸体的防腐处理，那具尸体目前的状态还不错，所以威廉明娜的尸体至少可以保存120年。而且，根据我们对甲醛固化特性的了解，尸体的保存时间可能会更长。

至此，我们已经到达了死牛思维实验的理论极限，我们暂且称之为波塔-威廉明娜连续体。

波塔 ⟷ 威廉敏娜

温暖、潮湿的环境 ⟷ 甲醛防腐

其他生命借此存活 ⟷ 生命轨迹终止

快速腐烂 ⟷ 长久地保存

食物之所以变质，原因在于生物死亡后在它的细胞里仍有生命存活，并且会有其他微生物赶来分解它的尸体。只要消灭这些生命形式，就可以延缓尸体分解的过程。

这个连续体适用于所有死亡的生物，而不仅是牛。所有食物曾经都是活物，所以我们可以追加一条：

食物腐烂 ⟷ 食物永存

左边都是一样的：波塔尸体的快速分解不仅让众多微生物

享用了一顿饕餮大餐，还在最大程度上加速了它们的繁殖。[①]波塔的尸体也有可能成为人类的食物，但微生物肯定会抢先一步占领阵地。右边也都是一样的：威廉明娜的尸体得以保存，是因为甲醛能从化学角度阻止威廉明娜体内细胞以及体外生物的生命运动，这些体外生物对威廉明娜的尸体虎视眈眈。

在保存食物成为一门科学之前，它曾经是一门艺术，即寻找波塔和威廉明娜之间的平衡点。一方面，要有足够（且合适）的生命形式存在，确保人类有食物可吃；另一方面，生命形式的数量又不能太多，以防止食物腐烂变质。保存食物必然涉及对食物的改造，使它们变得不适合微生物生存，但又不能变成只可远观而不可食用的博物馆标本。要了解人们的那些奇特而诡异的保存食物的方式，你只需参观一座巨型"仓库"即可，它的名字叫作超市。在这里，有些食物的保存方法很简单，比如，新鲜果蔬通过冷藏来抑制分子运动，从而延缓变质。有些保鲜技术很复杂，比如，一种叫作压热声处理（MTS）[②]的技术可以用来给牛奶和橙汁保鲜。但是，现在的超市大多沿用古老的食物保存方法，其中一个最主要的方法就是脱水处理。

数千年来，脱水处理一直是人们保存食物的有效方法之一，

---

① 并非所有的食物变质都是由微生物引起的。在没有任何生物参与的情况下，食物本身的化学反应也会导致它变质。例如，像橄榄油这样的不饱和脂肪会随着时间的推移而变质，因为脂肪中的双键会与空气中的氧发生化学反应。

② 压热声处理是指同时利用高压、高温、高频破坏性声波的处理过程。

它的历史甚至可以追溯到人们学会烹饪之前。超市出售的很多食物明显是经过了脱水处理的，比如面粉、可可粉、奶粉、薯片、墨西哥玉米片、蔬菜干、燕麦片、坚果等；也有很多食品看起来水分充盈，实则也经过脱水处理，比如果酱、糖浆、玉米糖浆、炼乳、黄油和蜂蜜等。

脱水处理就是去除食物中的水分，所以下面我们来讨论一下水。如果你之前没有思考过关于水的问题，很可能是因为水太没有存在感了。水不像其他化学物质那样让人浮想联翩，它无色、无味，把它放在一边不管，无论经过多长时间，它都不会发生性状上的改变。它几乎无害，也没有（太大的）腐蚀性。尽管水如此缺乏存在感，但它对我们已知的任何一种生命来说都必不可少。

在阅读接下来的这部分内容前，你最好先清除脑海中对水的模式化认知：每当看到"水"这个字时，我们脑海中浮现的画面往往是小溪、河流、冰川、小便、海洋、雨水等。这种认知不仅不利于你理解以下内容，还会造成明显的干扰，因为你总觉得水是一种流体。你肯定见过这样的图示：

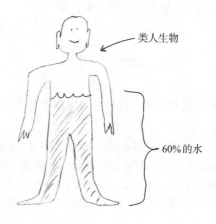

类人生物

60%的水

该图展示了人体内水分所占的比例。但其中也隐含了这样的信息：水在人体内存在的方式与在水杯中相似。如果你观察一下水在生物体内发挥的作用，尤其是对一个蛋白质分子或一条DNA链的作用，你就会发现事实截然相反。

假设有一堆可以任意组合的迷你V型机器人，每个机器人体内嵌有两块小磁铁，可以吸引或排斥其他机器人。每个机器人都可以轻松地将另一个机器人的1/3切断，并据为己有，它也可以把自己的1/3拱手让给另一个机器人。这两种能力使数万亿个迷你机器人以每秒数十亿次的速度组合、变形，构成一个无穷无尽的立体网状结构。仅在一个指环大小的空间中，这些机器人的数量就超过了已知宇宙中的恒星数量。

你可能会忍不住地惊呼："天哪！"

如果你不再把水看作无色无味的透明液体，而把它想象成（通常来说）仁慈亲切、极其活跃但没有知觉的机器人，你就会很容易理解为什么水对细胞机器的运行至关重要了。这些细胞机器正是我们保持精力旺盛和细菌让食物变质的关键。

水在分子层面的磁性并非独一无二。①事实上，大多数分子好像都镶嵌了小磁铁，而且不止一个。化学家称它们为"极性分子"，DNA就是其中之一。极性分子之间的相互作用比非极性分子（没有明显磁性的分子）更强。即使你不理解上面这些内容，也没有关系，你只需要知道水和DNA可以相互吸引，而且吸引力很强，以至于DNA外层实际上包裹着几层水分子。

———————————

① 令人困惑的是，尽管从单个水分子的表现来看，它是具有磁性的，但一杯水却没有磁性。（试着把磁铁靠近水，结果毫无反应。）水分子之所以看上去像小磁铁，是因为它的原子核和电子产生了电场。

现在，你必须改变你的思维定式了。想象一下，人身上涂抹了一层水，形成一个光亮、细腻的表面。但是，在分子层面并非如此。再想象一下，数以亿计的微型机器人松散地附着在DNA链上，形成了第一层，第二层微型机器人附着在第一层上，第三层附着在第二层上，水分子就是这样与DNA结合的。这好比一群活跃的蜜蜂离开蜂巢，围着养蜂人的身体飞舞，它们不断地飞离、靠近，但我们始终能识别出养蜂人的基本轮廓。

就像被蜂群围绕的养蜂人一样，DNA的基本结构可以透过其周围的一两层水分子显现出来。也就是说，如果蛋白质要读取DNA，比如在细胞分裂时复制DNA或修复损伤，不需要完全附着在DNA上就能感知到DNA的潜在序列。由于蛋白质和水分子的结合与分离相对容易，所以读取DNA的蛋白质可以沿着DNA外围的水层快速移动，不会因为停下来与DNA结合而浪费能量。

这只是水的神奇功能之一。水肯定是没有感知能力的，但有时它似乎又具备这样的能力。在我和我的很多朋友看来，没有哪种分子拥有像水一样强大的功能。正如生物物理化学家贝蒂尔·哈雷（Bertil Halle）在2004年说的那样，"生成蛋白质的方法只有一种，进行光合作用的方法只有一种，储存和传递信息的方法也只有一种。所有生命形式都在使用相同的分子机制"。也就是说，所有生命形式（目前已发现的）都需要有某种形式的水才能生存，这也是需要脱水才能保存食物的原因。

因此，陈列在杂货店里的很多东西都是脱水食品。绝大多数薯片都经过脱水处理（加工这类食品时，先把食材放入液体脂肪中，加热至150℃，利用高温使土豆或玉米细胞内的水分蒸发，这就是所谓的"煎炸"）。大多数形状奇怪的谷类食品和零食（比如芝士泡芙）都是通过高温加工（脱水）达到口感酥脆的效果的。冷冻区的食物也属于脱水食品，至少对微生物来说是这样。冷冻可以做到一举两得：一方面，它减缓了所有的分子运动和生命活动；另一方面，固态水呈现出一种坚硬的晶体状结构，这会导致细胞破裂，微生物无法生长。

我们已经发现的所有生命形式都离不开水，但不同的生命形式需要的水量不同。如果你不想让你的食物滋生任何微生物，就需要给食物彻底脱水。遗憾的是，要想做到这一点，唯一的办法就是把细胞烤成酥脆的薄片。幸好我们不需要将食物完全脱水，就能遏制破坏食物或使食物变质的生命形式。那么，去除多少水分才够？这主要取决于你想消灭哪一种生命形式。

假设你要消灭的目标是大肠埃希菌（也叫大肠杆菌）。它之所以叫这个名字，是因为它一般来自哺乳动物的肠道。事实证明，大肠杆菌不适合在干燥的环境下生存，环境要足够湿润才行。因此，每次大肠杆菌O157：H7暴发，你都会发现罪魁祸首通常是一些富含水分的食物，比如牛肉、奶制品、新鲜水果或蔬菜等。通常酵母比细菌更耐干燥，霉菌又比酵母更耐干燥。但是，这里存在一个湿度临界值，一旦低于这个临界值，任何生物都无法生长。橱柜里的干调料、盒装意大利面、可可粉、奶粉和薯片的湿度都低于这个临界值。还有很多液态食品，比如蜂蜜，其湿度也在这个临界值之下。

蜂蜜的生产经过了复杂的加工处理过程。事实上，它可能是加工食品的雏形，只不过加工者不是人类。蜜蜂在夏天采集花蜜（其中含有30%~50%的糖），然后把花蜜的含糖量提升到75%左右，再添加一些它们自己的分子，一道神奇的甜点就做好了！蜂蜜的能量密度极高，而且极不适宜微生物生长，因此，蜂蜜很适合当作冬粮储存起来。蜂蜜之所以对微生物不友好，部分原因在于其内环境较为干燥。

这种说法听起来似乎毫无道理：大多数蜂蜜都呈液态，能缓慢流动的东西怎么会干燥呢？事实上，"干"不仅指食物含有多少水分，也指食物能给微生物提供多少水分。蜂蜜的含水量约为15%（相当于大米或杏仁蛋白软糖的含水量），其他物质占10%，糖占75%（主要是果糖、葡萄糖和麦芽糖）。让我们来看看几种糖的化学结构：

果糖　　　　　葡萄糖　　　　　　　麦芽糖

我们可以从中看到这几种糖分子上附着的羟基：葡萄糖和果糖各有5个，麦芽糖有8个。你可以把每个羟基想象成两块小磁铁，每块磁铁可以吸引一个水分子。就像DNA一样，糖在发生水合作用时也会裹上多层水分子。很多科学家致力于对水展开研究，马丁·查普林（Martin Chaplin）就是其中之一。他发现一个葡萄糖分子能够吸引并俘获多个水分子，很多情况下，这一数目可高达21个。其中的关键之处在于，蜂蜜中的糖分子把水分子抓得越牢，这些水分子被微生物抢走的可能性就越小，微生物的生长能力也越弱。① 因此，尽管蜂蜜可以流动，含水量也不低（约为15%），但不能支持微生物的需要、生存和繁殖。果酱、果冻和蜜饯都遵循同样的原理，即利用水合作用阻断微生物的水源。

其他保存食物的技术更具冒险精神。比如，鳄梨酱的包装经过了高压处理，这种方法既可以杀死微生物，也可以杀死会让鳄梨酱变黑的酶。

人们对发酵工艺似乎很熟悉，但这个做法却有悖常理：其他食物保存方法都在抑制微生物的生长，而发酵工艺却在促进微生物的生长？没错，你需要知道，微生物种类繁多。地球上有数百万种微生物，大多数对人类无害，有些不仅无害甚至有益。本质上，发酵过程就是给有益微生物提供饕餮大餐，比如乳酸菌。乳酸菌以糖为食，分泌乳酸，其繁殖速度连兔子都自愧不如。恶心（或者伟大）的乳酸菌把像牛奶这样完美的微生物之家变成可吞噬一切的地狱沼泽，其酸性比牛奶强100倍，不适宜绝大多数微生物居住，尤其是致病菌。这种"地狱沼泽"通常被称为酸奶，令人欣慰的是，C型肉毒杆菌也无法在酸奶中存活。通过发酵工艺，我们不仅可以制作酸奶，还可以制作奶酪、酸奶油、啤

---

① 读到这里，新手妈妈可能会有这样的疑问："等一下！如果蜂蜜里没有微生物，为什么宝宝不能食用呢？"原因在于：蜂蜜中可能含有肉毒杆菌孢子。当环境过于严酷，细菌无法生存但又没有完全死亡时，它们就会变成孢子，等待从充满敌意的环境（蜂蜜）转移到友好和谐的环境（宝宝的肠道）。以C型肉毒杆菌为例，它无疑是一种很糟糕的细菌。在细胞功能正常的情况下，它会分泌一种蛋白质，其毒性在人类已知毒素中排名第一，比氰化物的毒性高出上万倍。

酒、葡萄酒、醋、泡菜、面包以及很多其他食品。

当然还有罐头，对于那些随时准备迎接世界末日的人来说，罐头是常备物资。罐头的生产原理是通过阻断氧气消灭微生物，你可能觉得这种食品保存方法非常管用，但你的想法也不对。事实上，C型肉毒杆菌可以在无氧环境中茁壮成长。也就是说，一旦制作罐头的食材的pH值高于4.6，灌装时就必须将其加热到特定的温度并持续足够长的时间，才能使C型肉毒杆菌的存活概率降到十亿分之一。

2015年，瓦尼·哈里（Vani Hari）出版了一本书叫《食物宝贝的历程：21天排毒、减肥、养颜法》。她在这本书中写道：

> 在超市闲逛时，你可能会觉得满货架的盒装、听装、罐装及袋装食物就像装着食物尸体的棺材，里面充斥着防腐剂，以至于你觉得自己也是一具尸体。

把保存食物与尸体防腐相提并论，这太让人吃惊了！但我不得不承认，瓦尼·哈里的说法还是有点道理的。在我看来，保存食物不仅与防腐处理相似，它本质上就是一种防腐处理。毕竟，如果不进行防腐处理，尸体就会腐烂，不管是植物还是人类都不例外。很久以前，人们仅凭直觉就认识到了这一点，并制作出非常棒的食品。比如，如果你吃过腌制的鳕鱼干，你就会明白事实上鱼干的制作方法和古埃及法老保存尸体的方法差不多，只不过古埃及人用的是泡碱，而不是食盐。

蜂蜜也可以用于防腐处理。因为蜂蜜本身易于保存，所以你只需把要保存的东西放入蜂蜜罐就行。难道还有比这更便捷的食物保存方法吗？在古代，中国人、印度人、埃及人、希腊人、罗马人、印第安人都曾用蜂蜜保存过各种东西，比如种子、野花、草莓、睡鼠等。亚历山大大帝是历史上最著名的军事指挥官之一，死后他的遗体被浸泡在蜂蜜中，从现在的巴格达运往希腊安葬。

当然，食物保存和防腐处理之间的联系并非无缝对接。比如，酸奶的制作过程并不属于防腐处理，尽管它的目标和防腐一致——抑制微生物生长。

通过防腐处理可以防止肉类或植物腐烂，从这个意义上讲，与其纠结要不要防腐，倒不如关注一下防腐的方法。面对博物馆里那些用甲醛做过防腐处理的标本，你肯定不会有食欲。但我不明白，为什么有些人会对酸黄瓜满怀戒心？酸黄瓜其实是利用水、醋酸和盐的混合物对黄瓜进行了防腐处理。不管是用盐腌制埃及法老或草鱼，还是用蜂蜜浸泡亚历山大大帝或睡鼠，它们的化学反应过程都极其相似。

如上所述，不同的保存方法催生了各种创意十足的食物，这让我想到了人们加工食物的第二个原因：为了好玩儿。如果你正在读这本书，你可能会想到很多与食物有关的趣事：改良某份菜谱，尝试不同的烹饪方法，尝试奇怪的配料，等等。但食物和乐趣产生关联的历史并不长，在古代，没有烹饪类节目，没有复杂的菜谱，没有真空低温烹调法，也没有分子料理。

不过，可能也有例外：敲开一根骨头，取出里面柔软多脂肪的骨髓，或者舔食某种石头以获取盐分。虽然不能百分百确定，但我认为最美味、最令人陶醉的史前休闲食品是蜂蜜。

蜜蜂花费大量的时间和精力建造蜂巢，繁殖大量蜜蜂幼虫，幼虫需要以蜂蜜为食，成虫过冬也要依赖蜂蜜。如果你是一只蜜蜂，蜂巢就是你的家，是你的能量来源，也是繁殖后代的物质基础。如果你不是蜜蜂，蜂巢则是一种非常诱人的食物。蜂蜜富含糖，蜜蜂幼虫的蛋白质含量几乎与牛肉相当，脂肪含量则更高。难怪蜂巢的防御工作至关重要，而蜜蜂也发明了别出心裁的防御方式。

假设一只蚂蚁试图爬进蜂巢，负责防御的蜜蜂会以每秒275次的频率扇动翅膀，由此产生的气流足以把蚂蚁吹飞。比蚂蚁更难对付的是黄蜂，有些大黄蜂会捕食那些满载蜂蜜返回蜂巢的成年蜜蜂。蜜蜂的蜂针很难刺穿黄蜂的盔甲，所以它们只能另辟蹊径：15~30只蜜蜂合力钳住黄蜂，把黄蜂团团围住，在黄蜂周围形成一个蜜蜂球。之后，它们会一起摇摆尾部，升高体表温度，把周遭的温度加热到43摄氏度以上，达到热死黄蜂的效果。有些黄蜂的耐热性很强，所以除了加热之外，蜜蜂还会采取阻止黄蜂腹部运动的方式（有点像相扑选手压在对手身上），令黄蜂窒息而死。面对像熊或人这样的大型生物，蜜蜂一定会使出"蜇"这个绝招。[①]但是，大多数蜜蜂在防御时都不会轻易蜇人。它们会以各种方式骚扰你：径直向你飞过去，冲你嗡嗡叫，咬你，甚至拉扯你的头发。总之，它们会让你的采蜜经历变得恐怖无比。

---

① 蜜蜂蜇人之后不会马上死掉，没有蜂刺的蜜蜂还可以存活1~5天。

蜜蜂为什么会如此拼命呢？因为蜂蜜很神奇，它可能是自然界热量最高的食物，通常被存放在蜂巢的中心位置（尽管取用不太方便），旁边就是富含蛋白质和脂肪的蜜蜂幼虫。

在我看来，像早期人类那样获取蜂蜜的方法根本不算加工，至多算作窃取另一种动物加工过的食品。

前文说过，植物通过体内的筛管不断地把本质是糖浆的物质从叶片输送到其他部位。如果你想尝尝植物筛管中流动的糖浆，啃咬一口植物并不能达到目的。植物的叶子、嫩枝、树干，也就是植物筛管所在的部位，尝起来根本没有甜味（想想芹菜茎的味道）。这是因为，当人类的牙齿对着植物咬下去时，我们咬到的不只是筛管，还有植物的其他部位，而这些地方可能并没有源源不断的糖浆流过。我们可能还会咬到一些有苦味的化学物质，植物制造这样的物质正是为了破坏自身的味道。遗憾的是，我们没有足够精密的仪器近距离观察植物运输糖浆的路径。不过，有一种生物可以做到，那就是不起眼的蚜虫。

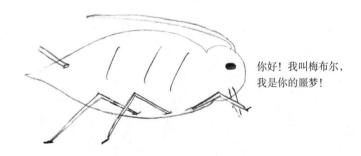

你好！我叫梅布尔，我是你的噩梦！

蚜虫又名植物虱子，个头非常小，身体呈绿色，对植物来讲它们绝对是噩梦般的存在。下面我们讲一个故事。在故事的开头，可爱的单身蚜虫女士（我们可以称她为梅布尔）落在了一株植物上。梅布尔的体长为5毫米左右，但对蚜虫来讲，这个个头可不算小。大多数蚜虫的体长仅为2~3毫米。一旦梅布尔找到它喜欢的地方，它就会分泌唾液，这些唾液很快会变成像花生酱那样黏稠的液体。与此同时，梅布尔会伸出它的口器。这个器官有点儿像皮下注射针头，但它可以弯曲，而且有两个通道。

实际上，梅布尔没有正常动物的头部特征，它的头部已进化为细长灵活的针状物。

梅布尔用它的针形头部刺穿凝胶状唾液，很快，它的口器末端就触达植物表面。与医生打针的方式不同，梅布尔的口器不会刺穿植物细胞，而是在细胞之间蠕动穿梭。梅布尔的口器慢慢地向植物内部推进：每前进一步，就吐出一滴唾液，然后刺穿唾液，再吐一滴，再刺穿……如此循环往复。这些凝胶状唾液变硬

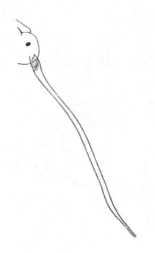

后将形成保护套，可以保护（和润滑）梅布尔的口器，使之易于穿过植物细胞间隙，深入植物内部。

每隔一会儿，梅布尔就需要确定口器的方位。它用口器无法辨识自己在植物内的具体位置，所以它会把口器尖端刺入附近的细胞，"吸"一口细胞内的汁液。也就是说，它会把细胞的一小部分"内脏"通过口器的一个通道（共两个）吸入它的针形头部，然后"尝一尝"。我们确实不知道梅布尔是用什么方法完成"品尝"过程的，但我们认为它是想测试一下细胞的酸甜度。如果不够甜或太酸，它就会收回口器，改变方向，朝植物内部前进。最终，梅布尔找到了它的终极目标——筛管，即植物运送糖的高速公路。

你可能也猜到了，植物并不想被蚜虫的口器刺来刺去，尤其是刺入筛管，因为它们很清楚接下来会发生什么：它们辛辛苦苦制造出来的糖浆会被洗劫一空。植物并不吝啬，它们愿意与昆虫或动物进行公平交易："喂！说你呢，那个能动的家伙！我被困在这里了，我想让你帮我把这些受精胚胎带到遥远的地方，这样它们就能看看外面的世界了。为了酬谢你为我付出的劳动，你可以饮用我的甘甜花蜜，也可以食用我的可口果实。怎么样？太棒了，成交！"

如果有动物试图占植物的便宜，不提供任何服务就随意攫取糖，植物必定会毫不手软地进行反击。例如，当毛毛虫啃咬、撕裂植物组织时，植物会向其他部位发送预警的电信号和化学信号。筛管内有一种豆蛋白，它形状瘦长，长度是宽度的2~3倍，可以堵塞一部分筛管。植物细胞还会产生胼胝质，这种物质也可以堵塞筛管。

梅布尔知道植物的防御系统即将启动。因此，一旦它确认自己穿透的是筛管，它就会吐出一种能阻断植物做出防御反应的唾液。就这样，梅布尔关闭了植物的防御系统。由于筛管本就有内压，所以它无须费力吮吸，只需打开或关闭头部的阀门就可以控制流量。

不过，梅布尔还得应对植物的另一种防御性汁液——糖液，这种糖液的浓度堪比听装可乐或糖尿病患者的血糖。随着浓度惊人的浓缩糖浆流过梅布尔的消化道，它们一路诱使梅布尔的细胞渗出水分；由于沿途细胞缺水严重，肠道深层的细胞不得不将自己的水分运往前线，补充军队给养。遗憾的是，梅布尔只想吃东西，它狼吞虎咽地吮吸着筛管内的糖浆。与此同时，细胞的失水状态在加剧。梅布尔吮吸的汁液越多，糖浆从它身体里吸走的水分也越多。如果梅布尔继续这种疯狂吸食糖浆的举动，它最终将会因失水过多而亡。

如果梅布尔没有采取以下两种绝妙的方法应对失水问题，它早就一命呜呼了。第一种方法很简单：每隔一段时间，梅布尔就会把插入糖浆高速公路的口器收回，找到植物的木质部，美美地喝足水，使脱水的组织恢复功能。第二种方法是：梅布尔肠道里的一种酶可以把糖分子连接起来，从而削弱糖浆吸收梅布尔细胞内水分的能力。这两种方法对梅布尔来说益处多多，但对植物来讲却是祸不单行，因为这意味着梅布尔想吸多久的糖浆就可以吸多久。

现在，让我们回顾一下蚜虫的疯狂进食行为。这种比指甲

盖还小、比4英寸长的头发丝还轻的昆虫可以做到：

    1.蠕动可弯曲的针形口器，使其穿过植物细胞间隙，到达离表皮数毫米深的树干内部；

    2.准确定位并刺穿目标植物细胞，这些细胞以每平方英寸100~200磅的压强输送糖浓度高达30%的糖浆；

    3.神不知鬼不觉地吸食植物筛管内的糖浆，而且想吸多久就吸多久，还不会因为高浓度糖浆的吸水作用而脱水死亡。

    值得注意的是，梅布尔并不是小口小口地吸食植物汁液，而是大口大口地吞食。为什么呢？原因很老套：获取它所需的氨基酸。你可能不知道氨基酸分子长什么样子，但你应该听过"氨基酸"这个词。氨基酸是组成蛋白质的基本部分，自然界中约有20种不同的氨基酸。人类和包括梅布尔在内的大多数动物可以自行制造其中的一半，所以这部分是不需要通过饮食获取的。而另一半氨基酸则需要通过饮食获取，否则身体就无法制造出所需的蛋白质，造成各种不适。植物汁液中含有梅布尔需要的所有氨基酸，但含量极小。所以，为了获取足够的氨基酸，再加上植物汁液本身就具有很大的内压，梅布尔别无选择，只能大口吞食植物汁液。

    这也意味着梅布尔的排泄量会很大。

    蚜虫的排泄物和人类的粪便不同，从化学角度讲，它和植物汁液一样，是一种无色透明的糖浆状液体。它还有一个广为人知的名字——蜜露。在梅布尔小时候，它每小时就能排出与自身重量相等的粪便。成年后，它每小时排便大约1毫克。这个排泄量看上去并不多，但别忘了，它的体重也才只有两毫克。

这只是一只蚜虫的量！说到蚜虫群落，你可能无法想象它包含多少蚜虫。在德国的一些森林里，仅是一棵树上寄生的蚜虫每年就能产出超过130磅干蜜露。根据森林的茂密程度和蚜虫的数量，你可以计算出一英亩①森林每年能产生几百千克的蜜露。

即使吞食了这么多汁液，产出了这么多蜜露，梅布尔依然不肯罢休。蚜虫具有复杂的生命周期和繁殖策略。冬天，梅布尔会与雄性蚜虫交配产卵；而夏天，梅布尔则不会与雄性交配……但它依然可以繁殖，只不过产下的不是受精卵，而是基因和它一模一样的蚜虫宝宝，简直就像克隆。而这个克隆产生的蚜虫宝宝在它出生之时就已经怀上了另一个蚜虫宝宝。科学家给这种繁殖方式取了一个十分形象的名称：叠生。

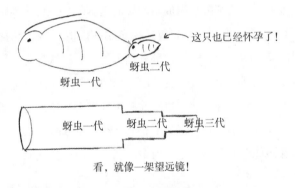

看，就像一架望远镜！

这意味着，如果一只蚜虫没有被瓢虫或其他捕食者吃掉，它一季就能繁殖20代。

总之，植物本质上就是蚜虫的不限量豪华自助餐。如果梅

①　1英亩≈4 047平方米。——编者注

布尔和它的后代都喜欢菜单上的食物，它们就会：

1. 连续数日吞食筛管中的糖浆，掠夺植物生长所必需的养分；
2. 疯狂地繁殖；
3. 在其附着的植物表面分泌一层黏糊糊的糖浆。

最早观察到蚜虫能排出含糖粪便的可能不是人类，而是蚂蚁。想象一下，如果一只蚜虫将口器插入植物的茎，同时有一只蚂蚁在这株植物的茎上爬行，可能就会出现这样的情景：

1. 蚂蚁触碰到蚜虫，并挥动起它的触角。
2. 作为回应，蚜虫会蹬踏后腿，排出一滴蜜露，然后把沾满蜜露的屁股转向蚂蚁。
3. 蚂蚁毕恭毕敬地接受这滴蜜露并一饮而尽。
4. 蚂蚁继续挥动触角，抚触蚜虫的屁股，促使蚜虫不断排出蜜露。

为了回报蚜虫，蚂蚁会保护蚜虫，使其免受天敌的侵害。所以，它们之间是典型的共生关系。

对蚂蚁来讲，它们可以直接饮用蚜虫排出的蜜露。但对于图巴图拉巴族、欧文斯谷派尤特族、瑟派谷派尤特族、亚瓦帕族、托霍诺奥德姆族或其他生活在数百年前的原住民，他们不得不用更巧妙的方法来收集蚜虫的蜜露。对蚜虫进行长期的仔细观察后，你可能会注意到蜜露中的水分会蒸发，蚜虫祸害过的可怜植物表面也会留下一层糖的结晶。在加利福尼亚，蚜虫主要侵害锐草、芦苇或高秆草，以它们为原料，人们可以制作出"蜜露球"。夏末秋初，在雨季来临前，当地人会收割蚜虫喜食的高秆草的茎秆，放在炎热的阳光下晾干，再摊放在熊皮或鹿皮上，之后用棍子狠狠敲打。干草受到猛烈敲击后，干蜜露就会与茎秆分离，掉落到动物毛皮上。将干蜜露收集起来，制作成饼状或球状，既可以直接食用，也可以烤着吃。

如今，评判食物好坏的标准之一是其是否被人类加工过。那些古老、有机、天然的食物被视为来自天堂的盛宴，而那些经过工业化超加工的现代食物则被视为地狱食物。但是，人类历史的实际走向使这两个范畴的边界变得越发模糊。按照这种分类法，蚜虫的蜜露应被归入哪类？冻干土豆呢？无毒木薯呢？

也许地狱食物早已闯入我们的生活，比如鹅卵石状的里斯巧克力、喷涌牌糖果和奇多食品。也许正是食物加工的发展趋势导致了我们的饮食现状。第一，消除食物的毒性。面对生死抉择，人类总是能够运用聪明才智和辛勤汗水谋得出路，比如花费数个小时磨碎木薯块茎、冻干土豆等。第二，长时间地保存食物。有人说需求是发明之母，这种说法应该没错，但我还要补充一点，懒惰也是发明的强大动力之一。为什么宁可冒着食物腐烂的风险，也要尝试保存食物呢？毕竟，食物保存不好就会腐败，人们还得再次外出采集或狩猎。只要弄清楚如何保存这些植物或动物，人们就可以有更多的时间闲逛了。当然，学会保存食物也有助于人们熬过漫长的冬天。第三，给食物调味。一旦人类获取了足够多的食物并有了闲暇的时间，就会对食物的甜度、咸度和脂肪含量有所不满，试图加重这些味道或创造出新的口味，比如吃蚜虫蜜露，以及大规模种植甜菜并把提炼出的糖添加到各种食物中。

我们的祖先几乎不会担心加工食品会让他们患上癌症。为什么呢？因为在他们生活的时代，死亡的威胁主要来自长毛的动物、8条腿的虫子或长在地里的植物。而对今天的大多数人来说，生活轻松得多，也安全得多。我们不太可能被蜘蛛毒死，却更有可能被心脏病或癌症夺去生命。而且，这两种疾病都与超加工食品有关。

因此，很多人想当然地认为，超加工食品之所以有害，原因就在于它是地狱食物。现在，我们暂且不谈某种食物或化学物质的好坏，而是讨论一下它是否属于非必需品。在此之前，先给大家解释一下：人类吃东西的需要是天生的，不是后天习得的，呼吸或喝水的需要亦如此。但人类也发明了很多其他化学物质，比如香烟和防晒霜，这两种东西都属于非必需品。因此，为了弄清楚超加工食品是否有害，同时弄清楚哪些是好食物、哪些是坏食物，我们在下文会从一些不能食用的东西说起。

首先，我们会谈谈香烟和电子烟。

其次，我们会讨论防晒霜。

最后，基于对这两种东西的认识，我们将重新认识食物。

第二部分

如何判断食物的好坏？

"放下香烟，吸烟有害健康。"

第 4 章

香烟和确定性

本章关键词：
香烟，西班牙肋突螈，爆炸的电池，
牙齿，着色性干皮病

你可能知道吸烟有害健康，因为你的父母就是这样告诉你的。但他们又是怎么知道的呢？也许是从美国公共卫生局局长卢瑟·特里那里知道的。但他又是怎么知道的呢？

想证明吸烟有害健康，最直接的方式就是开展随机对照试验。就像我们在第1章讨论过的那样，招募一群不吸烟的人，把他们平均分成两组（分别安置在一座荒凉的岛屿上），禁止其中一组人吸烟，强制另一组人吸烟，并且在接下来的50年里定期随访。

从未有人做过这样的研究。为什么呢？一是花销太大，二是操作难度太大。更重要的原因是，存在伦理道德方面的问题。早在20世纪50年代，人们就严重怀疑吸烟有害健康，但任何一位有良知的研究人员都不会招募不吸烟的人参加吸烟试验。出于以上种种原因，研究人员从未开展关于吸烟的随机对照试验，以后也不会。

那么，科学家如何确证吸烟有害健康呢？已知香烟的烟雾中至少含有70种不同的分子，而且几乎每种分子都有致癌风险。还记得甲醛吗？事实证明，甲醛具有致癌风险，而香烟的烟雾中就含有甲醛。此外，香烟中的苯和砷也是致癌物。

你可能会问，我们是如何知道香烟中的70多种分子都会致癌的？这是因为某些特殊行业的从业者们（比如19世纪的伦敦烟囱清洁工）常常接触某种高浓度的化学物质（比如烟灰），而这些人罹患癌症（比如阴囊癌）的概率又高得多。其他化学物质，比如砷，存在于某个地区的饮用水中，而我们会在那里发现很多癌症病例。动物实验也可以证明这一点，在过去的50多年里，成百上千名科学家进行了无数次实验，把香烟烟雾所含的70多种化学物质喂给各种动物。结果确定无疑，这些化学物质至少会导致一个物种患癌。

接下来，我们具体讨论一下香烟烟雾中的一种特殊化学物质——N-亚硝胺。这种物质堪称分子中的"黑手党"，已证明它可以导致很多物种的患癌风险增加，比如虹鳟鱼、斑马鱼、青鳉鱼、孔雀鱼、新月鱼-剑尾鱼杂交鱼、西班牙肋突螈、掌状蝾螈、非洲爪蛙、北部爪蛙、草蛙、鸭、鸡、草原长尾小鹦鹉、负鼠、阿尔及利亚刺猬、树鼩、欧洲仓鼠、叙利亚金仓鼠、中国地鼠、野仓鼠、准噶尔侏儒仓鼠、沙鼠、白尾鼠、老鼠、小鼠、豚鼠、水貂、狗、猫、兔子、猪、厚尾丛林猴、卷尾猴、草猴、赤猴、恒河猴和食蟹猴等。

除了用不同的动物测试同一种化学物质的致癌风险，科学家还让同一种动物以不同的方式接触同一种化学物质。下面以N-亚硝胺中的NNK（烟草特有亚硝胺）为例。

科学家将NNK投入大鼠的饮用水中。

结果：大鼠患上了肺癌。

科学家把NNK注射到大鼠的皮下组织。

结果：大鼠患上了肺癌。

科学家通过胃管将NNK直接注入大鼠的胃部。

结果：大鼠患上了肺癌。

科学家将NNK涂抹在大鼠的口腔内壁上。

结果：大鼠患上了肺癌。

科学家通过导管将NNK注入大鼠的膀胱。

结果：大鼠患上了肺癌。

科学家不仅针对不同物种、以不同方式测试NNK的致癌风险，还会尝试改变它的剂量。这一点很好理解：如果加大毒素剂量导致症状加剧，就表明毒素可能与这些症状有关。至少有3个来自不同机构的团队进行了10余项系列实验，最终绘制了剂量–反应曲线，我称之为"你有多倒霉"曲线。该曲线反映了科学家们给不同组的大鼠使用不同剂量的NNK，导致每组大鼠患上肺癌的百分比情况。比如，在20周的实验期内，按照每千克体重

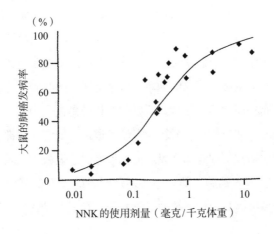

0.034毫克的剂量给大鼠每周使用3次NNK，结果约有5%的大鼠患上肺癌；但当NNK的使用剂量增加到每千克体重1毫克时，大鼠的肺癌发病率增加至50%。在NNK的使用剂量达到每千克体重10毫克的情况下，大鼠的肺癌发病率大约为90%。（作为参考，每千克体重5毫克的氰化物可使50%的大鼠死亡。）

这些实验对科学家来说是很烦琐的工作，对啮齿动物来说则意味着出现了大量的癌症病例。在1978—1997年的近20年间，科学家发表了88项相关研究结果，数千只不幸的小鼠、大鼠和仓鼠通过各种方式接触了NNK（对比组则很幸运，没有接触NNK）。很明显，接触了NNK的动物比未接触NNK的动物的发病率更高。所有这些研究和许多其他研究都表明，NNK和其他N–亚硝胺对很多动物来说都是超强致癌物。

不过，证明香烟中含有致癌物，实际上并不能证明吸烟有害健康。例如，烟草公司的说辞是，香烟的烟雾中虽然含有某些化学物质，但它们在与肺部接触0.5秒后就被呼出去，不会留存在人体内。

为了驳斥烟草公司的说法，科学家至少用其他三种方式对吸烟的危害展开了研究。第一种是臭名昭著的"黑肺"。还记得你在高中生物课上观察过的肺叶标本吗？老师是不是讲过，那些黑黢黢的病变肺叶来自吸烟者？事实证明，这些肺叶标本其实来自猪，而猪通常不会抽烟，所以这些猪肺是被人为地染成了棕色或黑色的。如果你用X射线检查设备透视吸烟者的胸部，就会看到他们的肺并不像煤那么黑。但如果你通过显微镜比较吸烟者的肺和不吸烟者的肺，那么你会发现两者的肺里都有很多巨噬细胞。巨噬细胞是免疫系统的组成部分，几乎可以吞噬任何外来物质（包括烟雾颗粒），避免这些东西对肺造成损伤。在吸烟者的肺里，根据烟龄不同，巨噬细胞会呈现为黄色、棕色，甚至是黑色。这是因为从化学层面讲，烟雾颗粒很难分解，巨噬细胞只得将它们储存在细胞内的"小细胞"中。当烟雾粒子累积到一定数量时，它们就会变成肉眼可见的黄色或棕色小点。烟抽得越多，吸烟者肺部的斑点就会越多。

香烟烟雾所含化学物质进入人体的第二种方式，是通过对放射性示踪剂的研究发现的。科学家先用放射性原子标记特定分子，然后用盖革计数器计算目标器官的总放射量（也就是标记分子的总量）。多年以来，出现了大量针对放射性示踪剂的研究，其中有一项格外引人注目。2010年，科学家进行了一项研究：他们让受试者吸入尼古丁被标记的香烟，然后给受试者做全身辐射扫描。这项研究表明，在抽烟大约12秒后，受试者的肺部被检测出具有放射性物质；大约22秒后，放射性物质随着血液到达受试者的腕部；大约50秒后，放射性物质到达受试者的脑部。这可能是我们目前观测某种化学物质随着时间推移向人的全身扩散的最直观方法。

确定香烟烟雾所含化学物质会进入人体的第三种方式是做尿检。关于"尿液代谢物生物标记"的研究已经有几十项，甚至达到了几百项。我们先来了解一点儿背景知识。你应该知道新陈代谢，它是一张由化学反应构建的蛛网，决定了每个分子进入人体后的命运，包括食物、饮料、药物或香烟烟雾。新陈代谢会改造香烟烟雾的分子，使之具有更强的水溶性，从而通过尿液被排出体外。如此一来，如果尿液中含有香烟烟雾分子，科学家就可以检测到它们的存在。棘手的是，香烟烟雾所含的化学物质太多，而人体的代谢反应更多，以至于我们很难辨别哪些化学物质来自香烟，哪些来自食物、饮料、药物或周遭环境。已有数百项研究对吸烟者和不吸烟者进行了比较研究，试图解开这个谜团。最终，科学家将注意力放在了8种可能的生物标志物上，它们都与香烟烟雾中的致癌物质存在化学联系。2009年，一个研究团队进行了一项研究，过程如下：

> 1.招募17名吸烟者。
> 2.测量他们血液中8种生物标志物的含量。
> 3.要求吸烟者戒烟。
> 4.每两周测量一次吸烟者8种生物标志物的含量，持续两个月。

戒烟后不到三天，受试者体内5种生物标志物的水平就下降了至少80%。另一种标志物的水平下降了大约50%。第7种生物标志物的水平在受试者戒烟12天后下降了80%。在8种生物标志物中，只有一种在受试者戒烟后没有发生任何变化。这个实验很有说服力，因为它的比较对象不是两个不同的群体，而是同一群体的两种状态：吸烟和不吸烟。

因此，科学家高度怀疑香烟烟雾含有致癌物，而吸烟会使它们进入人体。这个结论看似证据确凿，但尚不足以证明吸烟会导致肺癌。到目前为止，我们只是证明了吸烟会将致癌物带入人体内。在它们进入人体之后，又会怎么样呢？

要回答这个问题，就必须弄清楚香烟烟雾中的70多种致癌物进入人体后会发生什么变化，也就是搞清楚它们的"代谢归宿"。事实证明，这些致癌物起初并没有致癌风险。但在参与了人体的新陈代谢之后，它们会在极短的时间内被"激活"，化学反应活性急速上升。大多数时候，它们都会被灭活并通过尿液排出体外，但偶尔也会有致癌物偷偷溜走，与细胞内的其他物质形成化学键，并有可能与DNA结合。

于是，我们的逻辑推理链条又增加了一环：香烟烟雾中的致癌物会与我们的DNA结合。不过，这个事实依然无法证明它们的致癌风险。接下来，我们必须弄清楚化学性质发生改变的DNA到底经历了什么。

一旦化学物质以非常规方式与DNA结合（就像香烟烟雾中的致癌物那样），人体就会像修理坏电脑一样修复受损DNA。情况乐观的话，细胞将成功地修复DNA，你的生活照旧。不过，偶尔也会出现无法修复或修复失败的情况，但这还不是最糟糕的结果。更糟糕的是，细胞对损伤进行了修复，但效果不佳；或者，它可能在复制DNA之前并没有检测到损伤……这样一来复制就会出错！总之，无论是哪种情况，都会造成基因突变。

基因突变是遗传密码的改变，而遗传密码是细胞赖以生存的行动纲领。如果上文的逻辑推理没错，我们就会认为吸烟者的基因突变数量比不吸烟者多，因为相比不吸烟者，吸烟者的DNA上附着了更多的化学物质。事实的确如此，但支持这一推理的研究还很少，因为大规模的DNA测序成本高昂，常规试验很难开展。在一个特别的案例中，研究人员通过外科手术摘除了一名51岁男子的肺部肿瘤，并对肿瘤进行了相关研究。这名男子15年来平均每天吸25支烟，与不吸烟者相比，他的基因突变超过5万个。其他研究数据虽然没有表现出如此悬殊的差异，但它们都表明吸烟者比不吸烟者的基因突变数量更多。

问题还是没有解决。尽管科学家已经证实吸烟者更容易发生基因突变，但我们如何证明基因突变就一定会导致癌症呢？

1938—2017年，美国政府向美国国家癌症研究所共拨款将近1 300亿美元。现在，美国国家癌症研究所每年投入到癌症研究上的经费约为50亿美元，其中相当一部分花在了癌症的病因研究上。多项相关研究的一致结论为：基因突变会导致多种癌症或有助于癌细胞的生长。我们来看看支持这个观点的两项重要证据。

其中一项证据来自完全不同的领域。XP（着色性干皮病）是一种罕见的人类疾病，破坏性极强，患者对阳光异常敏感。在充足的光照条件下，XP患者几分钟内就会被严重晒伤，暴露在外的皮肤会长出雀斑，眼睛也会发红。20岁以下的XP患者得皮肤癌的概率比正常人高出10 000倍，这个数字千真万确。1968年，科学家发现XP的病因在于一些重要的基因发生了遗传性变异，而人体恰恰需要这些基因来修复受损的DNA。这一发现与DNA突变会导致癌症的推理非常吻合：如果人体修复DNA的能力不佳，DNA损伤发展成基因突变的概率就会更高，这也可以解释为什么XP患者的癌症发病率尤其高。

另一项证据与吸烟的关系更密切一些。近年来，科学家对188个肺部肿瘤的上万个基因进行了测序，并发现了两个最常见的突变基因——KRAS和TP53。它们分别与加快细胞生长速度和防止细胞失控时的自杀行为有关，而这两种行为都是癌细胞的典型特征。这是一个绝妙的线索，但要证实这两种基因突变会导致癌症，我们就必须让它们发生突变，然后观察突变的结果。虽然我们现有的技术可以做到将KRAS和TP53的突变体植入人类卵细胞，并观察它们是否会引发肺癌，但如果真这么做了，它必将成为有史以来最不道德的研究之一。于是，科学家退而求其次，找来56只小鼠，诱发了它们体内这两种基因的突变，结果表明，所有小鼠都患上了肺癌，其中19只小鼠（34%）的癌细胞还发生了转移。相比之下，仅有5%的KRAS发生突变的小鼠患上了转移性癌症。

你做好剧情反转的心理准备了吗？看看这个疯狂而真实的统计数据：10%~20%的吸烟者会患上肺癌。人们可能会从两个角度看待这个数据：一是，天啊，6个吸烟者中就有一个会得肺癌！这是一种不吸烟就不会得的疾病吧？二是，天啊，有人虽然经常吸入70种致癌物，竟然也不会因此得肺癌？我的想法是：如果吸烟可以致癌，那么为什么不是所有吸烟者都会患癌呢？无论你怎么看待这个数据，你可能都会认为它是对吸烟可以导致肺癌观点的有力反驳。但到底能反驳到什么程度呢？我们回顾一下这个推理链条的最后一环：某些基因的DNA突变可能致癌。你的基因组包含30亿个碱基对，而大多数碱基实际上并不携带遗传密码。假设吸烟会使你的整个基因组发生突变，那么一个与癌症相关的基因（如TP53或KRAS）发生突变的概率约为百万分之一。所以吸烟者完全有可能平安地度过一生，不会发生任何形式的基因突变。

我们也可以重新审视一下推理链条的倒数第二环：当DNA

损伤修复不当时，就可能会引发基因突变。但如果有些人比其他人更擅长修复DNA，又会怎样呢？前文中说过，某些特别不擅长修复DNA的人（着色性干皮病患者）终其一生都要竭力避免受到紫外线辐射，否则就极有可能患上皮肤癌。可以想象，还有一些人特别擅长修复DNA。对这个群体来讲，吸烟对他们的DNA的损伤和别人一样大，但他们修复DNA的速度更快，也更少出错。所以，对他们来讲，大多数DNA损伤都不会引发基因突变。他们可能一辈子都在吸烟，却不会患上肺癌。

除了肺癌，吸烟还会引发一系列其他疾病，包括心血管疾病和中风。所以，吸烟者有可能还没患上肺癌，就因为心脏病突发而离世了。

你做好剧情再一次反转的心理准备了吗？

以上这些实验都是美国公共卫生局局长在1964年发布相关报告后进行的。然而，在对吸烟致癌的确切化学机制了解甚少的情况下，该报告写道："吸烟与男性患肺癌之间存在因果联系"，"肺癌的发病风险会随着男性的烟龄和每日吸烟量的增加而增加，戒烟则会使其下降"。

而且，报告没有使用"与……有关""可能导致""可能影响""可能是引发肺癌的一个潜在成因"等说法，而是直接告诉美国人吸烟和肺癌之间存在因果关系。

他们怎么能如此言之凿凿呢？你是否记得，仅就吸烟对健康的长期影响而言，迄今为止没有哪个研究团队开展过任何形式的随机对照试验。

你应该了解三条背景信息。第一，20世纪60年代初，约有40%的美国人吸烟，吸烟者的年均吸烟量高达4 000多支，大概每天半包。

第二，直到20世纪初，肺癌都是一种罕见的疾病。1898年，一位独立做研究的博士生撰文回顾了世界上所有的肺癌病例，总共只有140例。而纵观整个20世纪，肺癌患者的数量以惊人的速度增长，几乎与香烟销量的增长同步，只是晚了30年左右。

第三，大约有60%的美国人不吸烟，因此研究人员可以找到大量不吸烟者与吸烟者进行比较研究。而且，很多人都做好了为科学"献身"的准备。

以上三条背景信息促成了人类历史上最雄心勃勃的科研活动之一。20世纪50年代末60年代初，超过100万人参与了和吸烟有关的研究：从他们自愿参与研究的那一刻起，每个人的小病、大病、身体状况、发病率和可能存在的功能障碍都被逐一观察、分类、验证并记录在案，直至他们死亡（或许其中有些人仍健在）。有些研究的规模较小，持续时间较短，而有些研究涉及的群体多达50万人，一直持续到现在。所有这些研究都属于前瞻性队列研究。

我们在第1章介绍过这种研究模式：招募一群人，给他们做体检，询问他们是否吸烟、吸多少，之后开展长期随访，看哪一组更易患肺癌（或患心脏病或死亡）。这种研究模式与随机对照试验类似，但它无须强迫人们吸烟（或不吸烟）。

1964年的那份报告使用了7项前瞻性队列研究的结论，旨在探索吸烟和肺癌之间是否存在联系。在英国的一项研究中，所有参与者都是医生（1964年，很多医生都吸烟）。在另一项研究中，所有参与者都是退伍军人。其中规模最大的一项研究（包括448 000位参与者）涵盖了美国25个州的男性。有些研究只进行了5年，有些则持续了12年。这些研究在英国、加拿大、美国共招募了100多万名参与者。

研究结果令人震惊：吸烟者死于肺癌的概率是不吸烟者的11倍，即1 100%。

让我们按照这个逻辑继续推理下去。如果吸烟会要了你的命，那么你肯定会得出一个结论：吸烟越多，死得越快。7项前瞻性队列研究中有4项追踪了参与者的吸烟量，其中每一项都表明，吸烟量越大，死于肺癌的概率就越高。

剂量和效果之间的关系可能比较复杂，但无论如何分析数据，所有研究得出的结论都一样：吸烟者比不吸烟者死于肺癌的概率更高，也比不吸烟者更易死于其他疾病。

但这是否意味着吸烟会导致肺癌呢？

烟草行业多年以来一直坚称这个问题的答案是"不一定"，他们的依据是：肺癌发病率和香烟销量之间确实存在正比关系，但肺癌发病率与丝袜销售量之间还存在反比关系呢，你不能因为雨后总能见到牛蛙，就说天上下的是牛蛙吧？所以，关键在于，两件事情存在相关性并不一定意味着它们之间存在因果关系，有可能还有其他原因。丝袜销售量下降可能是因为丝绸越来越流行了，牛蛙喜欢在雨后现身可能是因为雨后的虫子比较多。

还有很多人在探讨导致肺癌发病率急剧上升的其他因素：是不是医生越来越擅长诊断出肺癌？肺癌会不会是汽车尾气或道路的铺设所致？工业污染呢？又或者，肺癌与周遭的化学物质完全无关，而是某种基因导致了烟瘾和肺癌。于是，我们又回到了最初的那个问题：1964年的那份报告为什么确信是吸烟导致了肺癌？

人们的确做过一些相关的动物实验，其中最著名的一个是，将浓缩的香烟烟雾涂抹在小鼠体表，结果小鼠患上了皮肤癌。科学家还在香烟烟雾中发现了少量已知或可能的致癌物。但他们的推理依据主要来自之前的大型前瞻性队列研究。他们的研究成果表明：

1. 肺癌的发病期是在吸烟之后，而不是在吸烟之前。
2. 绝大多数肺癌都发生在吸烟者身上。
3. 对不同人群的实验都表现出吸烟与肺癌之间存在相关性。
4. 吸烟者患上肺癌的风险极大，而且吸烟量越大，患癌风险就越高。

此外，我们还需要考虑另外一个因素：肺癌患者的日常经历。肺癌是一种极其痛苦的病症，即使是在医学发达的今天，肺癌患者的5年存活率也只有19%。1898年时，肺癌还是医学领域的罕见病症，而到了1964年，仅在美国每年就有5万多人死于肺癌，如今这个数字已经超过14万。（2018年，全球有近180万人死于肺癌。）因此，尽管1964年没有像今天这么多的证据证明吸烟与肺癌有关，但也有大量的观察性证据。不过，除此以外，他们既没有对肺癌做出其他合理的解释，也没有搞明白肺癌可能带来的灾难性后果。

面对相同的数据、实验或理论，不同的科学家很有可能得出不同的结论，一位科学家的"显著结论"在另一位科学家眼里也许就是"虚假断言"。每个人对真相与谬误的划分界限（一种想法在被大家作为事实接受之前必须跨越的那道心理底线）都存在不同的理解，但几乎每一位科学家在看到有关吸烟的全部数据之后，都会得出同一个结论：吸烟会导致肺癌。尽管从来没有针对人类进行随机对照试验，但诸多实验共同指向了一个逻辑链：

香烟含有致癌物
　它们一旦进入人体
　　就会与DNA发生化学反应
　　　该反应与基因复制等重要过程密切相关，人体试图修复受损基因
　　　偶尔还会引发基因突变
　　　基因突变逐渐积累
　　　　控制细胞生长的基因突变达到临界点，细胞走上癌变之路

100多万人参与了多项长期观察性研究。无论研究场所在哪里，研究对象是谁，吸烟者患肺癌的风险都呈现出急剧增长的态势，而且患癌风险会随着吸烟量的增大而升高。

就这样，科学家、实验参与者及为此"献身"的动物共同实现了一个令人难以置信的壮举。他们在笼罩着迷雾和阴影的未知世界与充满确定性的已知世界之间架起了一座桥梁。

尽管有铺天盖地的证据证明吸烟会导致癌症、心脏病和其

他疾病，但烟草业的发展并未显示出颓势。为什么呢？正如优秀的股票分析师向投资者提出的建议，多元化投资有助于增加收益。换句话说，最好不要把鸡蛋放在同一个篮子里。很长时间以来，大烟草公司的篮子里只有香烟。尽管他们凭借香烟这个拳头产品赚得盆满钵满，但如果能有一种替代香烟的尼古丁输出装置，肯定有助于扩大市场，对烟草公司来讲也是件好事。

于是，电子烟诞生了。相比普通香烟，人们对电子烟烟雾的化学特性和健康危害知之甚少。但我们仍要努力寻找相关证据，看看会有什么发现。普通香烟和电子烟最显著的区别不在于烟雾。普通香烟的动力来源是烟草燃烧所释放的能量，电子烟则由锂电池供电，这意味着它们有自燃或爆炸的风险，而且它们也确实造成了一系列可怕的伤害事件。

比如，在一起事故中，一个18岁年轻人嘴里的电子烟爆炸了，他的一颗门牙被炸碎，另一颗门牙也被炸得残缺不全。

普通香烟和电子烟之间不太引人注目的区别是，普通香烟含有的化学物质比电子烟烟液更多。乍一看，这种说法不合常理：毕竟，制作普通香烟只需把烤干的烟叶卷在纸里，再在烟卷的一端装上过滤嘴即可。吸烟过程中消耗的材料总共就这两种。与之相反，人们对电子烟烟液的分析表明，尽管电子烟标签上只列出了三四种成分，但实际上里面可能包含60多种不同的化学物质。别忘了，"烟草"的成分并不单一：每片烟叶在采摘、清洗、整理、切碎、卷裹之前都是一种由无数细胞构成的生物，包含DNA、蛋白质、糖和其他化学物质。因此，表面上只包含两种成分的普通香烟实际上包含更多的成分。据最新统计，研究人员在烟草中发现了大约5 700种不同的化学物质（不包括添加剂）；此外，还有成千上万种化学物质有待鉴别。

其中有一种化学物质自带光环，它就是尼古丁。

尼古丁是导致吸烟者很难戒烟的主要原因，也是导致他们上瘾的罪魁祸首。它更是电子烟存在的价值：人们发明电子烟的初衷就是既可获取尼古丁，又能避开香烟的致癌性。除了会让人上瘾，尼古丁也和传统香烟一样具有毒性，摄入过量会致人死亡。不过，人类并不是尼古丁的防御对象；烟草植株产生尼古丁其实是为了消灭那些企图侵害它们的昆虫。换句话说，尼古丁是一种天然杀虫剂，早在17世纪人们就从烟草中提炼出尼古丁，用作杀虫剂。烟草植株在进化过程中，将尼古丁变成了一种强效毒药，保守估计尼古丁的致死剂量仅为每千克体重10毫克左右。也就是说，一瓶30毫升的高浓度电子烟烟液中所含的尼古丁足以毒死一个年轻人，更不用说蹒跚学步的孩子了。30毫升电子烟烟液中的尼古丁含量相当于咀嚼83支香烟或者吸603支香烟。

最后，我们来看看普通香烟和电子烟之间最不明显但最重要的区别：烟雾。

要理解蒸汽和烟雾之间的区别，我们需要先回顾一下普通香烟与电子烟的第一个区别。一支普通香烟由燃烧反应驱动，在中学的化学课上你可能学过燃烧的原理，具体如下：

一种非常简单的碳氢化合物（如甲烷）+ 氧 → 二氧化碳 + 水

还有一种不完全燃烧，原理如下：

一种非常简单的碳氢化合物（如甲烷）+ 不足量的氧 →
一氧化碳 + 水 + 碳

如果香烟只由一种简单的碳氢化合物组成，并能完全燃烧，那么这种反应只会产生两种物质——二氧化碳（气体）和水（也呈气态，因为燃烧的温度很高）。显然，这种情况只是理想状态。香烟的化学成分极其复杂，无法做到完全燃烧。所以，香烟的燃烧过程绝不简单，可以表示成：

由成千上万种化学物质构成的燃料+不足量的氧→
由成千上万种化学物质构成的巨量化学混合物

香烟烟雾是一种极其复杂的化学混合物。那么，电子烟蒸汽呢？

电子烟的动力不是来自燃烧反应，而是利用金属线圈把烟液加热到150℃~350℃，并产生薄雾。普通香烟的燃烧温度更高，可以达到800℃或更高。电子烟的工作温度要低得多，而且电子烟的化学成分比烟草简单，所以几乎可以肯定的是，电子烟蒸汽的化学成分比普通香烟烟雾的化学成分少得多。为什么呢？因为电子烟出现的时间不长，要想搞清楚它的成分，可能还需要一段时间。1960年，在烟草和香烟烟雾中发现的化学物质还不到500种（目前这一数字已上升至5 000种以上）。我觉得在电子烟蒸汽中可能会发现更多的成分，我们正在做这件事。

说到"蒸汽"，它会让人觉得自己吸入的是无害的水蒸气……但你从电子烟中吸进去的显然不是水蒸气。虽然电子烟不会发生像普通香烟那样的燃烧反应，但它的加热温度足以引起一些化学反应。比如，高温可以分解电子烟烟液中最常见的两种化学物质——丙二醇和丙三醇，形成甲醛、乙醛和丙烯醛。你肯定不想吸入大量甲醛以及其他两种物质。但在许多不同品牌的电子烟蒸汽中都检测出了这三种物质（尽管它们的含量都比香烟烟雾低）。此外，电子烟烟液还包含（或在汽化过程会产生）大约80种其他化学物质。

也许你已经注意到，80种化学物质比5 700种少得多。如果你是一名电子烟爱好者，你可能在广告中看过这样的宣传语："电子烟所含化学物质比香烟少，所以危害不大。"你可能也见过这样的禁烟广告，上面写着："你吸入的每口香烟里含有7 000多种有毒化学物质。"这类说法的意思很清楚：一种东西所含的化学物质种类越多，对人体的危害就越大。

在我看来，这完全是胡说八道。

你知道还有什么东西含有上千种化学物质吗？卷心莴苣、鸡肉、青豆都含有上千种化学物质。相比之下，氰化物只含有一种化学物质，却是致命的。香烟会导致肺癌，但绝对不是由于下面这个原因：曾经有化学家认定，只要某种东西所含的成分超过37种，它就一定有毒。香烟会致癌，是因为香烟中含有某些有害的化学物质并达到一定数量，而不是因为它所含化学物质的种类多少。

那么，普通香烟和电子烟所含的有毒化学物质有什么区别呢？

一些实验表明，电子烟蒸汽所含的已知毒素比普通香烟少，含量也偏低。例如，电子烟蒸汽的甲醛含量约为普通香烟的1/10，NNK含量约为普通香烟的1/40。

以下是人们对电子烟蒸汽的两种看法。

乐观派：电子烟的毒性比普通香烟小得多，所以它更

安全！

谨慎派：这并不意味着电子烟对人体没有危害，你吸入的毕竟是一种含有已知毒素的气雾剂。

我觉得谨慎派的观点更有说服力。和普通香烟相比，电子烟看起来尚可，但这主要是因为普通香烟太糟糕了。而且，电子烟也有致癌或引发其他疾病的风险。与其拿电子烟和普通香烟做比较，不如问自己这样一个问题：与什么烟都不吸相比，电子烟对人体的危害有多大？一些相关研究已经开始了，但电子烟的面世时间尚短，大规模的长期前瞻性队列研究仍需假以时日。

普通香烟：我们清楚吸烟对你有害，我们也知道吸烟对你有多大危害。

电子烟：我们不清楚电子烟对你有多大的危害，但我们知道它对你的健康不利。也就是说，如果你必须在普通香烟和电子烟之间做出选择，现有的证据都认为电子烟稍好。它可能有助于你戒烟，它对你的危害似乎也没有普通香烟大。但如果你要在"吸电子烟"和"什么都不吸"之间做出选择，现有的证据都强烈建议你"什么都不吸"。原因有三个。第一，几乎可以肯定的是，电子烟蒸汽比空气质量更糟糕。第二，电子烟可能成为跳板，让你逐渐吸上普通香烟，而普通香烟对人体有害。第三，电子烟烟液可能会受到污染。

第 5 章

防晒霜和不确定性

本章关键词：
防晒霜，维生素D，人类遗传密码，
行走的黄油，珊瑚礁

2012年，一位77岁的英国老妇人在法国南部度假时，边晒太阳边睡着了。她身上贴着一片含有阿片类药物芬太尼的膏药，这是医生给她开的用来治疗背痛的药。膏药的工作原理是让药物与皮肤紧密接触，使其慢慢渗入人体内，最终进入血液。这是一个简单而巧妙的药物释放系统。不幸的是，当体温升高（晒太阳就有这样的效果）时，芬太尼（或任何药物）在人体内的吸收量就会增加。如果你读过任何关于阿片类药物的功效说明书，就会知道芬太尼使用过量的后果有多么严重。

老妇人因此陷入昏迷。

通常来说，如果你在太阳下睡着，身体会自动感应到温度过热，从而把自己唤醒。至于感应系统什么时候会唤醒你，取决于你的肤色深浅。你醒来之后可能会觉得皮肤就像被油煎过一样。随后几天，你的皮肤甚至有可能起泡或剥落，这就是皮肤晒伤。有时候在太阳下只待上几分钟就有可能造成这样的后果。所以，晒伤的时间长短取决于肤色深浅，以及所处地域的日照强度。

那个老妇人在法国的炎炎烈日下昏迷了整整6个小时。

当救护车抵达时，老妇人已经出现了罕见的严重晒伤症状。她的皮肤看起来像被火烧过一样，烤焦的皮肤皱缩在一起形成了黑色瘢痕，蜿蜒在她的腹部和腿部。更糟糕的是，她体表的某些区域出现了奶白色的皮革样脂肪灼伤，也就是说，阳光穿透了她皮肤表面的三层结构（约2毫米深），灼伤了皮下脂肪。她的皮肤灼伤很严重，在她清醒过来之后，立即被转到了专门的烧伤病房进行治疗。

阳光怎么会造成如此严重的伤害呢？让我们看一看太阳的巨大威力吧。太阳就是一支取之不尽、用之不竭且巨大无比的能源枪。它每秒钟照射到地球上的能量相当于1945年日本长崎原子弹爆炸所释放能量的1 000倍。因此，你必须感谢自己的身体，它凭借本能就觉察到晒多了太阳对身体不好，并用两种复杂的方式提醒你：

1. 我现在很热。（意思是：现在就回屋，或者找个阴凉处待着。）

2. 我已被晒伤。（意思是：感受我的愤怒吧，人类；这就是你在太阳下待得太久所要付出的代价！）

遗憾的是，由于芬太尼使老妇人陷入昏迷，她丧失了以上两种巧妙的调节机制。然而，大多数时候，人体都非常清楚它需要吸收多少阳光，而当日照超量时它会让我们产生痛苦的感受，以此提醒我们防晒。但除了避免被灼伤，它还能避免什么危险呢？

――――――

在讨论这个问题之前，我们先看看那位不幸的英国老妇人差点儿被太阳烤熟的整个过程。

太阳会发射出很多小小的能量包——光子，每个光子都携带着特定的能量，该能量决定了光子的特质，比如是否肉眼可见。我们的眼睛是一对极其敏感的光子探测器，我们所说的光实际上是由大量光子组成的。它们来自太阳，在旅程的最后一刻撞上周围的一切，发生反射，然后与我们视网膜上的光子探测蛋白碰撞。这种碰撞会产生电信号，大脑将其转译成你眼前的景象，比如两只狮子正在交配等。我们的眼睛只能探测到很小能量范围内的光子：0.000 000 000 000 000 000 28~0.000 000 000 000 000 000 52焦耳。太阳光子的能量范围则要大得多，约为0.000 000 000 000 000 000 000 000 20~0.000 000 000 000 000 20焦耳。然而，其中大部分被臭氧层吸收了，臭氧层是由O_3分子组成的薄云层，也就是说，那位老妇人遭受了能量为0.000 000 000 000 000 000 079~0.000 000 000 000 000 000 68焦耳的光子的攻击。

看着上面几个长串的"0"，是不是感觉很费劲？这里有一个简单的光子分类方法：可见光子和不可见光子。它们纷纷落在那个老妇人身上：

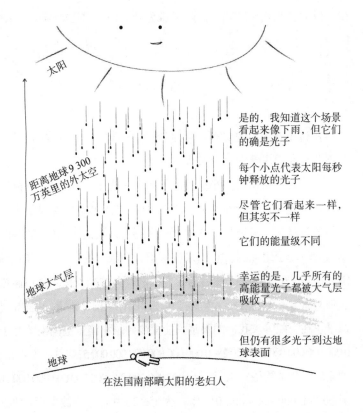

太阳

距离地球9 300万英里的外太空

地球大气层

地球

是的，我知道这个场景看起来像下雨，但它们的确是光子

每个小点代表太阳每秒钟释放的光子

尽管它们看起来一样，但其实不一样

它们的能量级不同

幸运的是，几乎所有的高能量光子都被大气层吸收了

但仍有很多光子到达地球表面

在法国南部晒太阳的老妇人

不同的光子与老妇人身体的相互作用略有不同。我们先来看不可见光子，它们的能量范围比可见光子略小。不可见光子至少可以穿透人体皮肤一毫米的深度，由于个体肤色和光子携带能量的差异，有些光子可达到更大的深度。也就是说，光子会与老妇人体内的许多细胞及细胞内的分子发生相互作用，比如DNA、蛋白质、糖、脂肪、胆固醇和水等。当光子撞到这些分子内部的电子时，电子会以各种方式移动。整个分子可能会旋转，分子内的原子对与第三个原子的距离可能被拉得更远或推得更近，从而

形成弯曲、晃动、剪刀式运动、摇摆、扭曲等各种姿态。

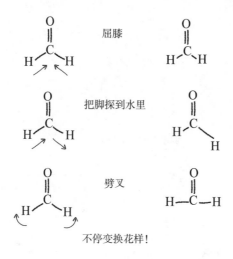

屈膝

把脚探到水里

劈叉

不停变换花样！

本质上，每个原子都以一种随机、不协调、不优雅的方式乱作一团，就像在好哥们儿婚礼上纵情跳舞的毛头小伙。

分子舞蹈的激烈程度取决于温度。物体的温度越高，它的内部分子就越活跃。例如，一锅开水里的水分子的舞步肯定比手部细胞的分子快。如果你把手伸进那锅开水里，水分子就会活力四射地与你的皮肤细胞分子共舞，使它们比以前更有活力。

你的神经末梢会感知到这些分子的舞蹈，并向大脑发送信号：该死的！太烫了！该死的！太烫了！天哪，赶紧把手拿出来！该死的，赶紧把手拿出来！太烫了，该死的！……

可以让皮肤分子跳舞的光子被称为红外线。这个与太阳热量、热感摄像机和超高档炉灶相关的说法很时髦，但它其实描述的是处在特定能量范围内的光子。同样，"温暖"一词也是我们用来形容光子与皮肤撞击时的感觉的术语。

我的手

我手部的一个分子，
不怎么活跃

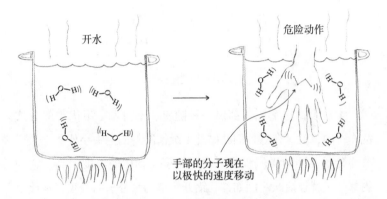

开水

危险动作

手部的分子现在
以极快的速度移动

很明显，你从太阳光子那里吸收的总能量（每秒）远远小于你把手伸进开水中所吸收的能量（每秒）。这就是为什么光子的撞击会产生令人愉悦的温暖感，而把手伸进开水中则会有锥心的灼痛感。然而，如果击中你的光子数量太多，就会造成一系列糟糕的后果：细胞爆炸，蛋白质凝固并失去作用，最终水沸腾，固体燃烧并产生气体和碳。你对此可能并不陌生，牛排煎煳了就是这样的。那位在法国南部海滩上因为吸收芬太尼过量而陷入昏迷的老妇人，大约被2 000万焦耳的能量击中，这相当于把你放在煤气灶上烹煮17分钟所吸收的能量。

那个老妇人遭到的撞击不仅来自太阳的红外光子，还有其他光子，后者的能量范围稍高，约为0.000 000 000 000 000 000 52～0.000 000 000 000 000 000 68焦耳，属于可见光的范畴，被称为紫外光子。这些高能量光子使她的皮肤发生了完全不同的变化——对人体有益的光合作用。

我知道，这种说法听起来很怪异。毕竟光合作用被视为植物的专利，大多数情况下也确实如此。但人类也是可以进行光合作用的，人类皮肤的最外层含有大量7–DHC（7–脱氢胆固醇），它与胆固醇类似，但没有胆固醇有名。当7–DHC受到紫外光子撞击时，就会转变成前维生素D_3，并引发一系列反应，生成活性维生素D。本质上，这个过程与植物的光合作用一样，都是用光来驱动化学反应。但与植物不同的是，人类的光合作用的产物不是食物，而是我们生存所必需的化学物质。

前文在讨论植物的光合作用时忽略了这一点。但奇怪的是，光居然可以驱动化学反应。换句话说，光可以把一种分子变成另一种分子，从而改变物质的本质。它是怎么做到的呢？一种方法是加热。红外光可以烹煮肉类，这绝对可以改变物质的化学性质。不甘落后的紫外光则能激活分子外围的电子，使其打破原有的化学键，形成新的化学键，从而把一种物质变成另一种物质。

比如，把前维生素D_3转变成维生素D，就是一件好事。但这种改变也有可能是一件坏事。

DNA是一种众所周知的分子。如果DNA是一部电影的名字，那么它的副标题可能是：

《你的遗传密码》

《你的人生蓝图》

《不存在的自由意志》

就像任何热卖的产品一样，我们有必要透过广告文案看一看DNA的真面目。

两个共享电子的原子之间的线代表化学键，你由此可以看出构建DNA的各个原子与相邻原子之间是如何结合（或不结合）的。我知道这幅图看上去有点儿乱，但我们可以把它简化。看到该图底部的重复部分了吗？这就是"聚合分子主链"，它由一长串糖分子和磷酸盐分子组成。

— 磷酸 — 糖 — 磷酸 — 糖 — 磷酸 — 糖 — 磷酸 — 糖 —

这样看上去就清楚多了，但我们还可以做进一步简化。碱基附着在糖分子上，DNA中有4种不同的碱基：腺嘌呤、胸腺嘧啶、鸟嘌呤和胞嘧啶。它们是构建遗传密码的基本单位，可以分别用字母A、T、G和C表示。然后，我们用字母S和P来表示糖和磷酸盐。

就这样，生物学家进一步将DNA链压缩成字母序列：GATTACCA。如果有人说你的遗传密码"长达30亿个字母"，他的意思其实是：你的遗传密码包含30亿个A、T、G和C，它们指导你的细胞进行自我构建，并调控细胞的正常运行。[①]

注意化学键的排列方式。磷酸盐只能与糖结合，碱基也只能与糖结合，碱基之间不能结合。DNA是一个设计精巧而复杂的编码系统，但编码本身取决于DNA不同成分之间的结合（或不结合）方式。因为DNA的化学键是由电子构成，所以只有当电子的位置正确时，DNA才能正常工作。

当数量惊人的紫外光子像天外飞仙一样落到老妇人的体表时，有些会撞击到DNA的电子，并激活其中一部分。（还记得吗？兴奋的电子使分子更易于发生化学反应，比如前维生素D_3。）幸运的是，当DNA遭到光子撞击时，被激活的电子大多会恢复到非激活状态，DNA的化学性质也不会发生变化。你可能有点儿失望，对吧？但这的确对你的健康有好处。还记得吗？即使只在太阳下待上几分钟，你也会被无数的紫外光子撞击，如果它们中的大多数或者只是一小部分会对你的DNA产生永久性影

---

① 理想状态下，每条DNA链皆如此。每个细胞有两条DNA链，所以你的基因组实际上含有60亿个碱基。

响，你的麻烦可就大了。

但在极其罕见的情况下，某些光子会改变DNA中化学键的排列方式。结果可能是：

我们看到，两个C融合到一起，就像脊椎骨变了形。你可能会觉得这没什么，毕竟，一个细胞的基因组包含60亿个碱基。那么，这种情况究竟会造成多大的伤害呢？

答案是：它可能会造成致命的伤害。

大多数时候，你的基因都会检测到两个C融合在一起的问题，并对它进行修复。所以，你可以继续正常地生活。上一章说过，这是最好的情况。但修复工作偶尔也会遭遇失败，在这种情况下，细胞会自杀，这是一个不好不坏的结果。最糟糕的结果是，有时细胞在修复或分裂的过程中，DNA复制出现错误（像"GATTACCA"这样的基因序列可能会变成"GATTATTA"）。换句话说，最坏的情况就是DNA序列发生突变。

一旦DNA发生突变，比如双C这一段变成双T，人体就无法检测到它的存在或对它进行修复了，因为这个突变从化学角度来讲不算异常（即便它携带了错误的信息）。

法国南部的那个老妇人是否因为在太阳下待了6个小时而发生了基因突变？可能吧。但没有医学文献提及她是否因此获得了超能力。

很遗憾，无论你因为晒太阳发生了多少基因突变，你都不会突然全身散发绿光或获得超能力。事实上，大多数基因突变都起不到任何作用，原因在于，只有大约1%的基因组负责对蛋白质进行编码。但我们也知道，一个细胞发生基因突变的点位越多，它就越有可能发生癌变，所以任何能增加自然突变率的因素（包括阳光过度照射）都是不好的。

目前我们谈论的一切都是为了建立一座连接阳光和皮肤癌的真理之桥。就像连接吸烟和肺癌的真理之桥一样，这座桥也由不同种类的"砖块"构建而成。截至目前，我们讨论的所有"砖块"都停留在分子层面，它们展示了紫外线如何与皮肤分子相互作用并导致皮肤癌。但就像吸烟一样，分子层面的"砖块"是后来才出现的新鲜事物。这座桥最初修建时使用的是非分子"砖块"，下面让我们来看看其中的几块。

第一块：工作场所。早在19世纪末20世纪初，科学家就已经注意到这样一个现象：农民、水手和其他从事户外工作的群体的癌症发病率比在城市里生活或工作的群体高得多。一位在矿区工作的医生说，他在25年的行医生涯中，只在矿工中见过两个皮肤癌病例。[1] 如今，我们可以用量化指标来评估这种风险的差异：如果你是户外工作者，那么你患上皮肤癌的概率大约是室内工作者的3倍。

第二块：衣着。如果你不是暴露狂，那么你应该有穿衣服的习惯。衣服能吸收部分紫外线，所以你会觉得通常被遮盖起来的身体部位发生皮肤癌的概率很小……没错，与头皮、耳朵或鼻子相比，皮肤癌在脚部、大腿或臀部发生的概率要低得多。

---

[1] 遗憾的是，他并没有将其与阳光联系起来。他认为矿工们的皮肤癌发病率低是因为他们有喝茶的习惯。

第三块：肤色。皮肤癌在白人群体中更常见。虽然我们很难准确计算出相对风险，但白人的皮肤癌发病率是黑人的16~63倍。为什么呢？主要原因在于黑色素。黑色素是人体产生的一种分布在体表、会大量吸收紫外光子的分子，可以有效保护DNA免受破坏。因此，体表的黑色素越多，DNA损伤就越少，皮肤癌的发病风险也越低。（黑色素还会吸收可见光，也就是说，体表的黑色素越多，人的肤色就越深。但肤色深并不能保证你不得皮肤癌，有时它反而会使癌症的症状更隐蔽。）

第四块：随机对照试验。我们在第1章讨论了加工食品的随机对照试验：把无数受试者分成两组，再将两组受试者分别送到两座荒岛上，一组只吃超加工食品，另一组只吃未加工食品，然后跟踪随访50年。事实上，英国人做了一个类似的实验，测试阳光是否会引发皮肤癌，它被称为"澳大利亚实验"。1788—1868年，英国把超过15万名罪犯遣送到澳大利亚。这意味着，他们找了一群基因相似的受试者（都是英国人），把他们分成两组（罪犯和非罪犯），并让两组受试者分别生活在不同的岛屿（英国和澳大利亚）。因为澳大利亚比英国更接近赤道，而且澳大利亚的天空中没有笼罩着雾和绝望，相较英国人，澳大利亚人会接收更多的紫外光子。一直以来，澳大利亚以白人为主，他们没有太多的黑色素使自己免受紫外光子的伤害。因此，你大概猜得到，澳大利亚的皮肤癌患者比英国多得多。的确如此，澳大利亚人患上一种或多种皮肤癌的概率是英国人的660倍。

人类数千年来改造自然的丰富经验促使我们将关于阳光和皮肤癌的相关知识整合起来，设计出满足人类健康需要的防晒霜。

那些摆在药妆店里出售的防晒霜，几乎每一款都声称可以降低皮肤癌的发病风险，但这并不是发明防晒霜的初衷。事实上，早在我们知道有皮肤癌这种疾病以前，防晒霜就出现了。几千年前人们就开始利用天然材料制造防晒霜，古希腊人和古埃及人把各种各样的东西，比如油、没药精油和米糠油等，涂在身上防止被晒黑。

现代防晒霜的起源可以追溯到1935年尤金·舒勒（Eugène Schueller）发明的琥珀色太阳（Ambre Solaire）牌防晒霜。当时，人们对日照和皮肤癌之间的联系还不甚了解。事实上，防晒霜的发明时间只比我们知道DNA承载着遗传信息早9年，比我们了解DNA的结构早18年，比我们知道基因突变可能致癌早40多年。所以琥珀色太阳牌防晒霜的发明是为了防止皮肤晒伤，而不是预防皮肤癌。2012年，美国食品药品监督管理局正式批准，制造商可以宣传防晒霜具有"降低皮肤癌发病风险"的效果。为了弄清楚其中的原因，我们看一看美国市面上的防晒霜中最常见的两种活性成分：氧化锌和氧苯酮（也叫二苯酮–3）。

你也许听过这样的说法：氧化锌是一种物理防晒霜，氧苯酮则是一种化学防晒霜；前者会像盾牌一样把光子反射出去，后者则会吸收光子。

这种说法大错特错，氧化锌和氧苯酮的实际功能很奇特。我们先来看氧苯酮。

水分子
（专注于自己的事情）

氧苯酮

一瓶常见的防晒霜含有大约700 000 000 000 000 000 000个氧苯酮分子。如果你按照推荐剂量涂抹到身上，那么你每平方英寸的皮肤上大约有8 400 000 000 000 000 000 000个氧苯酮分子。

当来自太阳的紫外光子撞击涂抹在皮肤上的氧苯酮分子时，会引发一系列复杂的反应。光子撞击某个氧苯酮分子后，将使后者处于激活状态。也就是说，氧苯酮分子拥有比以前更多的能量。

在这里我们用"*"表示氧苯酮分子的激活状态。光子呢？它不见了，彻底消失了。氧苯酮把光子吸收了，以免光子去撞击DNA，引发我们之前讨论过的双C融合问题。这样看来，氧苯酮的工作确实有点儿像保镖：为别人挡子弹。不过，还不止这些。

氧苯酮处于激活状态意味着，它可能会像高能量光子一样对皮肤具有破坏性。但是，氧苯酮可以依靠舞蹈的力量消耗掉多余的能量。

刚开始，氧苯酮分子会这样：

（"酒杯杂耍"）

然后，它会这样：

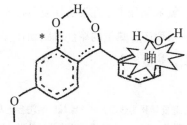

这个化
学键旋
转过去

（标志性的"嘻哈舞蹈腿"）

之后，它会这样：

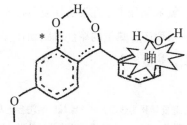

啪

（史莱克式撞臀舞。）注意，在这个步骤中，
氧苯酮分子旁边的水分子会受到撞击

再之后，它会这样：

氧苯酮分子恢复至初始状态：

就像婚礼上那些率性随意的舞蹈表演一样，氧苯酮分子会闯入其他分子，将自身的一部分动能传递给它们，使其周围的温度升高。请注意，氧苯酮分子正在设法恢复至被光子撞击之前的状态。所以，这一系列产生热量的率性舞蹈动作实际上是一个循环：紫外光子进去，热量出来。①

----

① 如果防晒霜可以把光能转化为热能，那么涂抹防晒霜会让人在阳光下感觉更热吗？可能吧。但你别忘了，人体也会受到大量红外光子的影响，它们能直接使皮肤变得更热。红外光子带来的直接热量太多，以至于人们根本感觉不到紫外光子转化产生的那点儿热量。

入射光子

这个化学键旋转回来

这个化学键旋转过去

晒

尽管具体原理不同，但氧化锌和二氧化钛也会周期性地吸收光子，并把它们转化为热能。有人说它们可以有效"反射"或"散射"紫外线，也有人说它们只能反射或散射5%的紫外线，其余都被吸收了。在我看来，人们的认识之所以出现这样的分歧，主要是因为含锌或钛的防晒霜看起来就像涂抹在皮肤上的白色奶油芝士。人们凭直觉认为，既然涂抹在体表的防晒霜能散射可见光，那么它们一定也能散射紫外线。但是，能反射可见光的材质不一定能反射紫外线。

让我们回到氧苯酮的话题上来。氧苯酮分子把紫外光子转换成热量，它只需要10万亿分之一秒的时间就能恢复原状。也就是说，一个氧苯酮分子每秒钟可以吸收900亿个紫外光子。如果你使用美国食品药品监督管理局推荐的SPF 30防晒霜，就意味着你的皮肤的自我防护能力得到了提升，足以应对紫外光子每秒钟700 000 000 000 000 000 000 000 000 000次的攻击，并将它们消灭于无形。

简言之，人类精心设计了一种乳白色液体，把它涂抹在体表，以抵挡可能危害DNA的紫外光子攻击，并将其转换为几乎无害的热量。

提醒你注意，法国南部的那位老妇人就算涂了防晒霜也没用！这是因为将她的皮肤烤焦的是红外光子，而不是紫外光子。而且，她在阳光下晒了整整6个小时，任何防晒霜在如此大量的光子面前都束手无策。

从某个层面讲，现代防晒霜与古埃及人或古希腊人的防晒霜的效用无异，只不过古人的防晒霜是用黏土、矿物质或沙子与油脂混合在一起制成的。但从另一个层面讲，现代防晒霜是一种神奇的化学魔法，作为人类，我们应该为自己的聪明才智喝彩。

但我们的这个魔法真的管用吗？

这不只是一个哲学问题，它也与我们的生活密切相关。假设你的皮肤科医生不惜以绝食相逼，让你必须去药妆店买一瓶防晒霜，你会选择哪一种？没人会责怪你在防晒霜货架前徘徊几个小时还选不出来，因为实在太难选了。

买防晒霜时不知该如何选择的人，绝对不止你一个。防晒霜的标签可能是所有商品中最难理解的，其中包含了很多因素。搞不清楚的话，我们就无法解答防晒霜是否有效这个实际（或哲学）问题，比如：

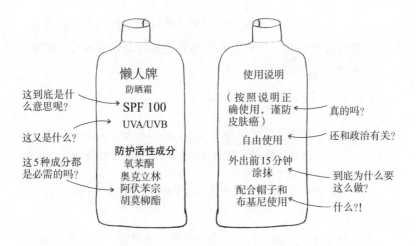

让我们先从SPF说起。韦氏词典网站和《牛津英语大词典》都将SPF定义为"防晒系数"，但这两个英语词汇宝库都搞错了。SPF的真正含义应该是"防晒伤系数"。（还记得吗？发明琥珀色太阳牌防晒霜的初衷是让欧洲白人既能把皮肤晒黑，又避免被晒伤。）

SPF是一个不太好理解的概念。它不是依据某种运算法则计算出来的数值，而是某个人在一间平平无奇的诊所里实际测试出来的数据。具体测试程序大致如下：

1. 找一个白人。

2. 找一块板，挖出上下两排镂空方格，再将这块板子放在受试者背部靠下的位置。

3. 在下面一排方格里涂抹一定量的防晒霜（每平方厘米2.0毫克），自然晾干。

4. 用紫外线灯照射受试者背部（左右移动，以增加光照强度）。

5. 一天后，看看需要照射多长时间才能让这两排方格里的皮肤晒伤。上面一排方格内的皮肤没涂防晒霜，下面一排涂了防晒霜。

6. 用下面的公式计算SPF：

$$SPF = \frac{让涂了防晒霜的白人出现晒伤的紫外线数量}{让没涂防晒霜的白人出现晒伤的紫外线数量}$$

7. 找更多白人受试者重复以上步骤，然后求出SPF的平均值。

了解上述内容后，当你到药妆店购买防晒霜，面对两款SPF分别为25和50的防晒霜时，你就不会束手无策了。你很清楚，这两款防晒霜肯定在实验室进行过真人测试，SPF 50防晒霜能够阻隔的有害紫外光子能量大约是SPF 25防晒霜的两倍。所以，从降低晒伤风险的角度讲，防晒霜确实有效。

但事实上，我们有时在解释SPF的真正含义时也会遇到麻烦。你是否听说过这样一个推理：如果未经保护的皮肤晒20分钟太阳后才开始变红，那么从理论上讲，使用SPF 15防晒霜可以把皮肤变红的时间延长15倍——大约5个小时。从技术角度看，这种推理完全正确，但遗憾的是，它会导致下面的运算结果：

通常情况下人被太阳晒伤所需的时间 × SPF = 防晒时间

假设你不涂防晒霜，暴晒20分钟会出现晒伤，那么你可能会认为如果自己涂上SPF 100的防晒霜，就可以在太阳下暴晒33个小时，且完全不用担心晒伤。这简直是胡说八道！原因如下：第一，你不知道自己"一般暴晒多长时间"会出现晒伤。第二，晒伤时间不是一个固定值。它会因为一天的不同时段、一年的不同季节、你所在的地理位置、你脚下的地面材质（沙子或积雪）、你头顶的天空（晴朗或多云）而不同。第三，防晒霜的防晒效果绝对达不到说明书宣称的效果。为什么呢？原因有很多，其中最简单的一个是：你的防晒霜用量绝对没法和官方的测试用量相提并论，后者每平方厘米的皮肤上涂抹的防晒霜多达2毫克！

有一年夏天，我尝试按照官方测试用量涂抹防晒霜，我觉得自己简直是一块行走的黄油，防晒霜就像洗车时车身的污水一样不停往下淌。出于这个原因，大多数人会把防晒霜的用量减半或更少。这又产生了另一个错误的认识：人们的防晒霜用量"太少"。这种说法没有任何意义，因为谁也说不清楚到底涂抹多少才算适量，你只能跟着感觉走。需要注意的是，"跟着感觉走"的用量也许只是推荐用量的一半。实际上，这可能正是说明书提醒大家反复涂抹防晒霜的原因之一。

另一个普遍错误的理解是，对于SPF在10到30之间的防晒霜，防晒效果几乎没有区别。《纽约时报》《消费者报告》、小发明博客、《不列颠百科全书》官网、皮肤科医生的科学论文都是这样说的。他们的推理过程十分相似，主要基于防晒霜吸收有害紫外线的百分比，如下表所示。

SPF	防晒霜吸收有害紫外线的百分比
1	0%
15	93.3%
30	96.6%
50	98.0%
100	99.0%

有些人在看到上表后，会得出如下的结论：

> SPF 15防晒霜可以阻挡93%的紫外线辐射，SPF 30的防晒霜可以阻挡97%的紫外线辐射，两者之间只有4%的差异……

这个结论大错特错。想知道其中的原因吗？假设我向你推销两件"防弹背心"，其中A款背心能阻挡93%的子弹，B款背心能阻挡97%的子弹。这两款背心的区别似乎只有4%，但你仔细想一想：假设有人向你开了100枪，如果你穿着B款背心，那

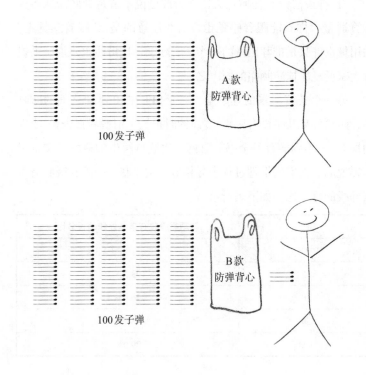

么你可能会被3发子弹击中；但如果你穿着A款背心，那么你可能会被7发子弹击中，击中率是B款背心的两倍多。光子也一样，被防晒霜阻挡的光子数量是无关紧要的，而真正重要的是防晒霜未能阻挡的光子数量。

知道这一点之后，我们给上表再添加一列：

SPF	防晒霜吸收有害紫外线的百分比	防晒霜未能吸收的有害紫外线的百分比
1	0%	100%
15	93.3%	6.7%
30	96.6%	3.4%
50	98.0%	2.0%
100	99.0%	1.0%

根据这张表格，我们可以更准确地比较两款SPF值不同的防晒霜的功效：SPF 100防晒霜吸收紫外光子的数量是SPF 50防晒霜的两倍，SPF 30防晒霜则是SPF 15防晒霜的两倍（前提是你的涂抹量相同）。

基于这个原因，我们是不是应该选择SPF值最高的防晒霜呢？21世纪10年代快结束的时候，防晒霜制造商为了击败竞争对手，一直在努力研发SPF值更高的防晒霜。我倾向于选择市面上SPF值最高的防晒霜，但这条法则也不是永远都有效。你可能有充分的理由不使用SPF值超高的防晒霜，但使用SPF值较低的防晒霜时，你也许会不断地提醒自己：又该抹防晒霜了！

其中的逻辑是：如果你涂抹了SPF值为1 100亿的防晒霜，你可能会认为自己一整天都能得到有效防护，所以只需涂一次防晒霜就足够了。遗憾的是，事实并非如此。任何防晒霜，无论SPF值是多少，最终都会被水上项目的水冲掉、被纸巾擦掉或被汗水稀释掉。所以，如果你要在太阳下待一整天，你就需要反复涂抹防晒霜。但如果你用的是SPF 30防晒霜，你很有可能觉得它的防护力度不够，自然会反复涂抹。

顺便说一句，你可能已经注意到防晒霜使用说明书上写有"外出前15分钟足量涂抹"的字样。这又是为什么呢？

因为防晒霜不是保湿霜，你不需要使其渗入皮肤深层，而只需要让它在皮肤表层形成保护屏障就可以了。所以，防晒霜的涂抹方法与其他化妆品不同，只要将其均匀地涂抹在皮肤上，等它自然风干即可。在风干过程中，防晒霜会附着于皮肤表层，这也是防晒霜需要在外出前15分钟涂抹的原因。

防晒霜真能防止晒伤吗？

它可以降低皮肤被晒伤的风险，这一点毫无疑问。市面上出售的任何一款防晒霜都需要外用于皮肤上，SPF值也是通过实地观测和计算得出的结果。

但说到皮肤癌，情况就没有那么简单了。皮肤癌有两种基本类型——黑色素瘤和非黑色素瘤。大多数皮肤癌都是非黑色素瘤，它又可以细分为鳞状细胞癌（SCC）和基底细胞癌（BCC）。基底细胞癌的生长速度非常缓慢，而且很少扩散，与之相比，黑色素瘤更加凶险。只有一小部分皮肤癌患者得的是黑色素瘤，但黑色素瘤是导致大部分皮肤癌患者死亡的罪魁祸首。

我们都知道阳光暴晒会引发皮肤癌，但问题在于，使用防晒霜能否预防这种疾病。我们凭直觉判断，似乎是可以的，因为防晒霜能吸收导致晒伤的紫外光子。然而，正如癌症研究者约翰·迪乔凡纳（John DiGiovanna）所说，"防晒霜不是刀枪不入的盔甲。一旦遇到过量的日照，它就抵挡不住了"。这是美国食品药品监督管理局不允许制造商在商品宣传中使用"sunblock"（隔离性防晒霜）一词的原因之一。此外，还有一个原因：光子的能量级不同，它们对皮肤的影响也不同，而不同的防晒霜可能会以不同的方式阻挡不同能量级的光子。

这种说法有点儿笼统。下面我们仔细分析一下。

1932年，在第二届哥本哈根国际光学大会上，物理学家粗略地将紫外线划分为UVA（长波紫外线）和UVB（中波紫外线）。皮肤科医生据此解释道：

> UVA会催生皱纹（及引发癌症）。
> UVB会造成皮肤晒伤（及引发癌症）。

早期的防晒霜能够大量吸收UVB光子，但吸收UVA光子的效果不佳。你可以把这样的防晒霜称为"窄谱"产品。窄谱防晒霜可以有效阻挡UVB光子，但为了防止更大范围的太阳光子的攻击，我们还需要阻挡UVA光子。于是，防晒霜的说明书上出现了"广谱"字样。

美国食品药品监督管理局允许SPF值大于或等于15且通过广谱测试的防晒霜在说明书中标注这样的功效："可降低暴晒引发皮肤癌的风险……"但他们的依据是什么呢？

尽管承认这一点有些尴尬，但截至目前，确实只有一项随机对照试验对防晒霜能否降低皮肤癌发病风险进行了测试，而且这项试验的主要关注点是非黑色素瘤。这项研究发现，防晒霜的使用并没有降低鳞状细胞癌或基底细胞癌的发病人数，但它减少了鳞状细胞癌的发病率。尽管这不是你期待的铁证，但有两点值得我们注意。第一，这项实验是在20世纪90年代完成的，也就是说，它使用的是老款防晒霜，技术比较落后。倘若我们使用最新款的防晒霜重新做试验，结果可能大不相同。第二，他们在试验过程中没有禁止对照组受试者涂抹防晒霜，因为那样做有违伦理道德。对照组受试者可以涂抹防晒霜，只不过他们的用量比另一组少。如果禁止对照组受试者涂抹防晒霜，我们或许能看到更显著的结果。

　　防晒霜能降低黑色素瘤的发病率吗？相关证据依然不充足，迄今为止只进行了一项关于成人黑色素瘤的随机对照试验。这项试验和几项前瞻性队列研究都表明，防晒霜确实有一定的保护作用。

　　但关于黑色素瘤发病率的数据存在一个悖论：尽管世界范围内有很多白人都使用了防晒霜，但白人的黑色素瘤发病率并没有下降，甚至有显著上升的趋势。如果防晒霜能预防皮肤癌，为什么黑色素瘤的发病率还会上升？

　　对此，一种可能的解释是：白人比以前更喜欢晒阳光浴，把皮肤晒黑。虽然他们使用了防晒霜，却比过去受到了更多的日光照射。

　　法国人菲利普·奥蒂尔（Philippe Autier）提出了另一种可能的解释，但他的说法也存在争议。奥蒂尔认为，喜欢日光浴的白人在使用防晒霜之后，实际上增加了紫外线的接触量。白人想把自己的皮肤晒成棕褐色，但又不想被晒伤，所以他们会使用防晒系数超高的防晒霜。恰恰因为他们没有被晒伤，所以他们在阳光下待的时间就会超出身体的极限，奥蒂尔认为这可能是导致黑色素瘤发病率上升的元凶之一。

奥蒂尔认为防晒霜很可能会让人忽视来自生化专业人士的警告："不要长时间晒太阳！"他甚至认为，美国食品药品监督管理局给出的反复使用防晒霜的建议"可能会造成防晒霜滥用"。

那么，作为防晒霜消费者的我们应该何去何从？

防晒霜研究专家布莱恩·迪菲（Brian Diffey）指出，种种说法让我们"进退两难"。一方面，关于防晒霜可以预防皮肤癌的支撑性证据还不如新型抗癌药的数量多。另一方面，我们知道太阳光子会引发皮肤癌，也知道人体无法应对过量的日光照射。最好的做法就是避免接触紫外光子。这是不是意味着我们要像吸血鬼一样完全避开阳光？绝对不是，人体需要一定量的紫外线合成维生素 D。而且，有时候晒太阳的感觉妙不可言。

如果你出于某种原因不得不在阳光下待很长时间，你要涂抹防晒霜吗？

当然要，防晒霜可以减少紫外光子与皮肤分子的相互作用，降低患皮肤癌的风险。

最后一个问题是，你应该日常也涂抹防晒霜吗？

这个问题有点儿复杂。

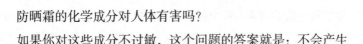

防晒霜的化学成分对人体有害吗？

如果你对这些成分不过敏，这个问题的答案就是：不会产生即时的危害。如果你三十年如一日地涂抹防晒霜，又会怎样呢？为了回答这个问题，让我们重新审视一下防晒霜中最常见的活性成分：氧苯酮、甲氧基肉桂酸辛酯、奥克立林、氧化锌和二氧化钛。

氧苯酮也叫二苯酮-3，它可以渗透皮肤，进入尿液、母乳或血液，并被人体当作激素。对于接触氧苯酮和甲氧基肉桂酸辛酯的雄性动物，它们的精子数量通常低于平均水平，精子异常率较高；接触氧苯酮的雌鼠则会出现月经紊乱的问题。最近的一项研究发现，氧苯酮水平较高的青春期男孩的睾丸激素水平明显较低。另一项针对不育男性所做的研究表明，高浓度的二苯酮与不育之间存在联系。如果这还不能充分说明问题，你可以看看下面的结论：经证实氧苯酮会破坏珊瑚幼虫的DNA，导致珊瑚白化和死亡。2019年，夏威夷明令禁止使用氧苯酮和甲氧基肉桂酸辛酯，美国户外用品连锁店也承诺到2020年停止销售含有氧苯酮的防晒霜。

千万不要误认为，只要不使用含有氧苯酮或甲氧基肉桂酸辛酯的防晒霜，你就可以远离危险。根据网络信息，在美国有关部门批准使用的13种紫外线吸收剂中，有8种已被证实会影响男性精子细胞的钙信号的传输。胡莫柳酯是一种能促进皮肤和血液吸收除草剂的紫外线吸收剂。甲氧基肉桂酸辛酯已被证实会降低雌性幼鼠的运动活性，4-甲基苄亚基樟脑则会损害雌性幼鼠的肌肉生长和大脑发育。

如果你觉得用金属氧化物替代防晒霜中的氧苯酮、阿伏苯宗等成分，会让你逃过一劫，不妨看看以下内容：经证明氧化锌和二氧化钛的纳米颗粒会损害大鼠的空间认知能力；它们会损害小鼠的学习和记忆能力，增加活性氧的数量；它们会减少鱼类的乙酰胆碱酯酶活性；它们会降低蜜蜂的脑容量；它们会降低人类脑细胞的存活率；它们会增加雄性小鼠海马的氧化性损伤；它们会缩短斑马鱼的孵化时间，增加畸形率。

另一种常见的防晒成分对羟基苯甲酸酯也被证实会扰乱内分泌系统，增加生殖毒性风险。氧苯酮、二苯甲酮–4、阿伏苯宗、甲氧基肉桂酸辛酯、水杨酸盐和奥克立林都与接触性过敏有关，甲基异噻唑啉酮在2013年被美国接触性皮炎学会列为"年度过敏原"。正如健康博客作家希拉里·彼得森（Hillary Peterson）所说，"防晒霜的芳香气味之下隐藏着5 000种不同的化学成分（包括类激素、激素干扰剂邻苯二甲酸盐和人造麝香）"。一旦接触紫外线，它们就会导致细胞损伤或死亡。

我们再来看一下视黄醇棕榈酸酯及其化学近亲视黄醇乙酸酯、视黄醇亚油酸酯和视黄醇。"视黄"一般与维生素A相关，维生素A是人类生存必需的维生素。早在多年前，化妆品制造商就已经开始在防晒霜（以及抗皱面霜、乳液和粉底）的配方中添加这类成分，因为维生素A是一种出色的抗氧化剂，研究表明它具有抗皱功效。遗憾的是，维生素A摄入过量会导致肝损伤、指甲变脆和脱发，还会导致老年人骨质疏松和胎儿骨骼发育缺陷。维生素A的毒性主要表现为：当它涂抹在皮肤上并受到紫外线照射时，它会显著增加小鼠皮肤肿瘤数量和损伤。2010年，公益组织环境工作小组对500种防晒霜进行了检测，其中超过40%含有维生素A。截至2019年，这一数字大约下降了13%，但有些防晒霜中依然含有维生素A。

2019年年初，美国食品药品监督管理局公布了一份标准修订书，指出目前在售的防晒霜含有的12种成分（包括氧苯酮和阿伏苯宗）可能没有公认的那么安全、有效。

"可能没有公认的那么安全、有效"是什么意思？这句话的关键之处在于"可能没有"，美国食品药品监督管理局借此公开承认它没有足够的数据来判断这12种成分是否安全有效。

这种状况显然很尴尬。但不可否认，人们已经彻底改变了防晒霜的使用方式。以前，人们只会在去海滩度假的时候涂防晒霜，也许每年只涂几周。而现在，各大化妆品公司、百货商店几乎默认防晒霜是一种日常护肤品，一些皮肤科医生更是建议每天涂抹防晒霜。这意味着，我们通过防晒霜摄入的化学成分比以前多得多。

货架上摆放的那些防晒霜看上去无害，但实际上包含了令人担心的成分。当你到药妆店购买防晒霜时，下图可以帮你权衡必须考虑的各种因素：

买这么一件小东西竟然需要考虑这么多因素！

当然，是否使用防晒霜只是人们需要做的 1 572 种日常选择中的一种，其他选择还包括吃什么食物，呼吸什么样的空气，或者涂抹什么类型的化妆品等。

我们偏离本书的主题——食物已经太远了。接下来，让我们言归正传吧。

第三部分

加工食品能不能吃？

"能吃"
——根据研究A的结果

"不能吃"
——根据研究B的结果

第 6 章

咖啡：灵丹妙药还是穿肠毒药？

本章关键词：

咖啡，菜谱，木薯布丁，炸薯条，
巧克力碎屑曲奇

如果你生活在20世纪80年代中期，单是扫一眼新闻标题就会让你觉得喝咖啡的后果很可怕，比如：《女性喝咖啡易患心脏病》《肺癌"可能源自咖啡"》《5杯咖啡，3倍风险》《研究：喝咖啡可增加癌症发病概率》《研究表明：咖啡可使心脏病发病风险加倍》。

　　美联社在1986年年初刊载过一篇文章：《研究发现咖啡不会增加心脏病发病风险》。仅仅过了两年，美联社又在1989年发表了另一篇文章：《脱因咖啡可能存在致病风险》。

　　1990年，危言耸听的新闻标题继续出现在报刊上：《即使只喝两杯咖啡也会增加死亡风险》《咖啡使心脏处于险境》。

　　其中，后一篇文章发表于1990年9月14日。但短短28天后，报刊上又出现了以下文章：《咖啡不会增加心脏病发病风险》《心脏病发病风险：咖啡警报解除》《研究表明咖啡对心脏无害》。

　　然而，6个月后风向又变了：《咖啡与心脏病发病风险紧密相关》。

一年后，一切貌似尘埃落定了：《咖啡不会增加心脏病发病风险》《研究表明每天喝3杯咖啡没有致病风险》《胎儿研究表明咖啡不会增加膀胱癌发病风险》《研究表明咖啡与心脏病发病风险无关》。

正当你以为事情到此已经结束了，现实又给了你重击。就在上述最后一篇文章发表的22天后，咖啡又成了健康杀手：《研究表明大量饮用咖啡会增加心脏病发病率》。

25年间，人们对咖啡的态度不停地在"天啊，千万不要喝咖啡！"和"嗯，还好吧！"之间摇摆不定，直到这样一篇文章的发表：《研究发现咖啡可以降低心脏病发病风险》。

你说什么？咖啡居然对人体有益？不过，接下来几年的新闻标题仍然不能帮你判断咖啡的好坏：《少喝咖啡多走路，降低髋部骨折的风险》《研究表明咖啡可以降低癌症发病风险》《咖啡摄入过量会增加女性心肌梗死风险》《咖啡并非美国女性冠心病高发的诱因》《研究暗示咖啡可降低自杀率》《咖啡饮用过量会增加高血压的发病风险》《隐藏在咖啡杯中的高胆固醇发病风险》《咖啡可降低结肠癌发病风险》《咖啡可降低胆结石发病风险》《咖啡、茶与英国人的心脏病发病风险》《咖啡比茶更有助于降低冠心病发病风险》。

以上所有新闻标题都出自2000年前的报纸。2000年后，它们的出现频率更高了。我做了一个与科学无关的实验：登录新闻词汇全文数据库（Lexis Nexis），搜索2000—2019年的报刊健康版中含有"咖啡""风险""增加"（或"减少"）的文章。结果发现包含"增加"一词的新闻有2 475条，包含"减少"一词的新闻有615条。

咖啡是好还是坏？这是一个十分简单的问题。然而，20多年过去了，我们仍未给出准确的答案。

引发新闻标题大战的食物有很多，咖啡只是其中之一。2016年，斯坦福大学医学院的两名科学家从波士顿烹饪学校的书架上随手取下了一本菜谱，随机挑选了该书所列的50种食材，然后通过文献搜索寻找每种食材与癌症相关的研究。（这些食材并不罕见，都是我们餐桌上的常见食材，比如鸡蛋、面包、黄油、柠檬、胡萝卜、牛奶、培根和朗姆酒等。）在去掉了相关研究少于10项的食材之后，还剩下20种，但其中只有4种食材的所有研究结论完全一致。也就是说，对于其余80%的食材，至少有一项研究结论与其他结论相互矛盾，像葡萄酒、土豆、牛奶、鸡蛋、玉米、奶酪、黄油、咖啡之类的食材通常存在多项相互矛盾的研究结论，这就是统计学家兼记者里贾纳·纽素（Regina Nuzzo）所说的"断章取义的新闻报道"。

每当政客们出尔反尔，我们就会怒不可遏。但科学家就能随便地改变他们对某种食物的看法吗？

女士们、先生们，欢迎你们跟随我一起来了解营养流行病学。营养流行病学致力于研究哪些食物会缩短你的寿命，它也是大多数有关食物和健康的新闻来源。

营养流行病学的主要研究方法是长期前瞻性队列研究。我们会从这些研究中发现某些联系（也叫相关性）。比如，如果你每天喝两杯咖啡，你跌倒之后臀部骨折的风险就会增加30%，并衍生出这样的新闻：《少喝咖啡多走路，降低髋部骨折风险》。

多年来，随着营养流行病学的研究开展得越来越多，类似的结论也越来越多。有时它们能达成一致，有时它们又很难统一。科学家对某种食物的看法就像比赛中的乒乓球一样，在好和坏之间来回移动，记者们也会相应地做出实时报道，这样就出现了前文中列举的那些断章取义的新闻。

2011年，弗吉尼亚大学的4名医生接诊了一位主诉右膝疼痛的患者。他总是很疲倦，伴有胃痛、呕吐、腹泻，偶尔还会发烧，他的右侧大腿有擦伤。血液检测结果显示他的尿酸水平过高，核磁共振检查结果让医生怀疑他的病情不容乐观，很可能是白血病。为了确定患者是否得了白血病，医生对患者的髋骨和胫骨进行了骨髓活检。最终医生发现患者得的不是白血病，而是维生素C缺乏症，因为患者的骨髓呈现果冻状。

重要的是，这位患者只有5岁。

医生询问了这个患儿的饮食状况，发现他的日常饮食仅包括以下几种食物：

- 煎饼
- 鸡块
- 西米布丁
- 炸薯条
- 动物饼干
- 香草布丁
- 椒盐卷饼

令人震惊的是，近三年来，他的饮食只有这7种食物，水果、绿叶菜、豆类则一点儿都没有。按照这种饮食结构，别说得维生素C缺乏症了，他能活到5岁就已经是个奇迹了。

大约350年前，维生素C缺乏症被称为海上瘟疫。它的症状起初不明显（疲劳，关节疼痛，肌肉疼痛），之后会变得越来越严重（皮下出现血斑，牙龈流血，长出螺旋状毛发），最终会致人死亡。一些历史学家估计，1500—1850年，约有200多万名水手因患维生素C缺乏症丧命。

水手（及所有人类）、果蝠和豚鼠同属于一个特殊而不幸的俱乐部，这个俱乐部的成员都无法自己产生维生素C。维生素C可以给铁原子提供一个电子，促进铁原子在肠道内的吸收，维生素C还有助于保护DNA。除此之外，维生素C的重要功能之一是参与一系列化学反应，产生胶原蛋白。胶原蛋白是一种刚性三螺旋蛋白，占人体蛋白质总量的1/4到1/3。有了维生素C，胶原蛋白就会像生香蕉一样紧实；而没有了维生素C，胶原蛋白的硬度将急剧下降，类似于一个熟透的香蕉被反复冷冻、解冻26次后的状态。这是维生素C缺乏症的典型症状。

在人类历史的大部分时间里，我们对维生素C缺乏症一无所知。大约350年前，欧洲医生开始尝试寻找维生素C缺乏症的病因。如果你读过有关维生素C缺乏症或医学史的书籍，你可能知道一位名叫詹姆斯·林德（James Lind）的苏格兰外科医生。林德凭借他1747年在一艘英国海军军舰上做的一项对照试验建立了在医学领域的地位。

在索尔兹伯里号军舰上，有12名水手患维生素C缺乏症。林德把他们分成6组，每组2人。每一组被给到不同的药方，分别是：一夸脱烈性苹果酒，75滴硫酸，两勺醋，半品脱海水，豆蔻佳酿，两个橙子加一个柠檬。与此同时，他让这些水手吃同样的食物。试验结果是：采取橙子和柠檬治疗方法的水手在6天内完全恢复了健康，喝苹果酒的两名水手病情有所好转，其他水手的病情则没有好转的迹象。1747年6月17日，这艘军舰抵达普利茅斯，对照试验结束。

在很长的一段时间里，营养学家对这类疾病展开了研究：

从饮食中去除 → 引发症状明 → 重新摄入这种 → 患者恢复
某种简单的化   显、病情严重   化学成分   健康！
学成分   的疾病

维生素C缺乏症是营养学家研究的一种典型疾病：维生素C由20个原子组成，人类每日只需摄入10毫克就能避免缓慢而痛苦的死亡。维生素D由72个原子组成，儿童严重缺乏维生素D会患上佝偻病。维生素B_1有35个原子，严重缺乏维生素B_1会导致人们患上脚气病、心脑血管疾病，甚至死亡。糙皮病、贫血、甲状腺肿、恶性贫血、干眼症和很多疾病的病因都是身体缺乏某种简单的化学成分（比如维生素B_3、铁、碘、维生素B_{12}和维生素A）。

对于上述疾病，有一种极其简单的预防方法，那就是确保饮食中足量摄入相应的化学成分。

想预防糙皮病吗？吃点儿动物肝脏（维生素B_3，又名烟酸）。

想预防甲状腺肿吗？吃点儿鳕鱼（碘）。

想预防维生素C缺乏症吗？多吃橙子（维生素C）吧。

某些食物，特别是这些食物中的维生素和矿物质，就是预防或治疗某些疾病的灵丹妙药。制造商在牛奶中添加钙和维生素D，或者在面包中添加维生素B_3，正是为了预防那些容易预防的疾病。毋庸置疑，营养科学的影响很大，它从根本上终结了一种疾病——营养缺乏症。在美国，这种疾病曾经造成的死亡人数比战争造成的死亡人数还多。

我认为这是营养科学领域的里程碑事件。它让我们明白了一个简单的关系式：

严重缺乏维生素或矿物质 = 可怕的、可能致命的急性疾病

如今，大多数健康问题都与维生素C缺乏症或糙皮病无关，而与心脏病、癌症、糖尿病、阿尔茨海默病和其他慢性疾病有关。这些现代疾病与维生素C缺乏症等传统疾病截然不同：

传统的营养缺乏症	现代的非营养缺乏型疾病
维生素C缺乏症、糙皮病、脚气	心脏病、癌症
发病快（从数月到数年不等）	发病缓慢（几十年）
缺乏维生素或矿物质的人易患此症	只有某些群体发病
任何年龄段都有可能发病	多发于老年期
症状可怕、明显	早期没有明显的症状
治愈快	可以治疗但最终可能会人死亡

尽管没有依据，但我倾向于认为，人类终于发现了营养缺乏症的病理。

严重缺乏维生素或矿物质 = 可怕的、通常致命的急性疾病

因为某些食物是治疗营养缺乏症的良药，所以我们猜测某些食物或许可以治愈心脏病或癌症。遗憾的是，现代疾病面临两大挑战。第一个挑战是，对大多数疾病而言，我们不可能像詹姆斯·林德那样开展随机对照试验。一项旨在证明某种食物能否预防癌症的长期对照试验的成本将极其高昂，而且对受试者来说是一种折磨（比如，终身不吃黄油）。相比那些无论怎么治疗都无济于事的慢性疾病，发病快、治愈快的疾病的病因和治疗方法要好找得多。

第二个挑战是，我们现在关心的大多数健康问题都具有不确定性。

这是什么意思呢？让我们一起往下看吧。

你见过的第一个化学反应可能是：你的父母或小学老师在一个小圆筒周围堆放一些沙土，然后把圆筒移开，往沙土坑里放些白色粉末，再倒入一种透明液体，于是立即有白色的泡沫从"火山"口喷涌而出。"火山"四周的沙土被打湿，你兴奋地大叫。白色泡沫的产生主要经过的反应过程如下：

$$小苏打 + 醋 \rightarrow 白色泡沫$$

考虑到这个星球上有那么多的小孩，这个化学反应至少已经发生了数百万次。

那么，有没有人见过这个反应失败的时候？答案是：绝对没有。因为这个化学反应就像太阳每天都会升起一样稳定而可靠，这就是所谓的"确定性"。

比如，如果你没有摄入足够的维生素C，你就会患维生素C缺乏症，这意味着食物和传统的维生素缺乏症之间存在确定性的联系。

但是，下面这个反应呢？

人＋奇多食品→？

如果你摄入了奇多或其他超加工食品，会发生什么？你会发胖吗？你会得癌症或心脏病吗？你会对奇多食品上瘾吗？

我们知道，人体的运行涉及成千上万个不同的化学反应，消耗并产生上千亿个分子。即使是超加工食品，它们的化学成分也很复杂，与人体相互作用的方式通常无法预测。当然，除了食物之外，还有很多因素（比如基因）也会影响我们的健康状况。

这就是物理学家所说的概率。如果我告诉你现在正在发生的事（有个人在吃奇多食品），你是无法准确预测出将来会发生什么的。你至多能给出一个概率（比如，人们在某个人生阶段的患癌概率是38%）。

如果你在街上随便找一个路人，问他一个简单的问题，比如"天空是蓝色的吗"，你可能会得到很多不同的答案，像"是""有时候是""滚开""蓝色""紫色""猫！"。路人的答案取决于诸多因素，比如，那一刻天空的真实颜色，路人的情绪状态，路人思考问题的深度，路人的意识是否清醒，以及许多其他因素。同理，慢性疾病是诸多因素综合作用的结果，其中既包含看得见的因素，也包含看不见的因素。概率性疾病都与风险有关：如果你吸烟，你患肺癌的风险就会大大增加，但你不一定会得肺癌。

也许有一天，我们可以为每个人的身体、每一种食物绘制出详细的化学图谱，并据此准确地预测某个人的健康趋向，就像我们笃定小苏打和醋混合之后会产生白色泡沫那样。然而，这恐怕不是你我有生之年能够见证的事情。所以，我们还是探索一下目前的可能性吧。遗憾的是，只要涉及化学物质和人体，几乎所有问题的答案都介于"可能"和"不可能"之间。比如，超加工食品会致癌吗？咖啡能延年益寿吗？防晒霜能预防皮肤癌吗？相关的研究结果通常既不显著也不确定，就像防晒霜的相关研究结果一样。

科学家如何看待这些既不显著又不确定的研究结果呢？同样重要的问题是，我们是否应该依据这样的研究结果改变我们的饮食方式呢？

在第1章，我们讨论了超加工食品与疾病之间的关系，即它们与肠易激综合征、肥胖、癌症及死亡的风险增大相关。与吸烟和肺癌的关系相比，超加工食品与这些疾病的关系没有那么显著，但这并不意味着它们不应该受到人们的特别关注。

所以，每当你看到两件事之间存在某种关系时，你的脑海中就应该浮现出两个问题。第一个问题是，这种关系合理吗？如果两件事之间存在合理的关系，那么第二个合乎逻辑的问题是，其中一件事的发生会导致另一件事的发生吗？也就是说，这两件事之间存在因果关系吗？

比如，超加工食品是否与癌症相关？如果两者相关，摄入很多超加工食品会致癌吗？

要回答这两个问题，我们需要探究它们之间的微妙关系。与此同时，我们必须离开营养流行病学的领域，回到现实世界中去。

人类在过去的几个世纪里取得的大部分物质成就几乎都要归功于科学，如果我们能找到拯救地球的方法，在很大程度上也应归功于科学。"我应该吃什么？""我应该相信哪些健康信息"，在回答这类问题时，都需要依赖科学。然而，讽刺的是，我们大多数人了解科学的方式却很不科学。还记得你学生时代上过的化学课吗？你可能囫囵吞枣地记住了元素周期表，你可能还做过一些"实验"，通常是将某些化学成分混合或燃烧。这样的学习方式就像照着菜谱做菜一样，虽然培养了你的动手能力，也做成了一顿饭，但你并不会因此成为一名出色的厨师。其实，比这更有趣的是菜谱的创造过程：你用了什么食材？哪些食材起了作用？哪些不起作用？为什么会失败？你从失败中吸取了什么教训？

遗憾的是，大多数人都是通过参照"经典菜谱"的方法来了解我们这个时代最重要的科学发现的，比如通过诺贝尔奖获得者、经典实验、改变世界的理论等来了解。换句话说，我们缺乏对科学事件的自主思考。要想真正理解营养流行病学或其他科学知识，你就必须学会欣赏科学的美丽，以及认识它的缺陷。你要学会发现错误，或者通过逻辑推理找寻某件事情的真相。

但你也不要担心，因为整个过程都充满了乐趣。

第 7 章

关系和多重漏洞

本章关键词:
树精,私人飞机,坑,橄榄油,
星座,圣诞老人

两件事之间存在的关系合理吗？说实话，最近我才开始认真考虑这个问题。过去我只是想当然地认为，既然做某项研究的科学家来自名校，而且拥有显赫的头衔，他们发现的关系自然就是合理的。

事实证明，我的想法太过天真。即使是科学家的研究结论，也有可能经不起仔细推敲，也有可能是不合理的。但"不合理"到底是什么意思呢？遗憾的是，我们很难给它下一个准确的定义。打一个不太恰当的比方：建立事物之间的合理关系就像开车通过遍布坑洼的道路，不仅要设法通过，还要避免损坏车子。要想弄明白那路为什么很难通过，从坑洼上找原因比从道路本身找原因更容易。

1号坑：学术欺诈。

2号坑：基本计算错误。

信不信由你，经过同行评议后公开发表的科学论文竟然还会存在基本的计算错误。举个例子，翻开一篇名为《191例慢性心衰患者冠状动脉干细胞移植的短期及长期影响》的论文，看看其中的附表2，你会注意到下面这个计算结果：

$$1\ 539 - 1\ 546 = -29.3$$

学过算术的我们都知道，两个整数相减，绝对不可能得出一个小数。所以，用1 539减去1 546，计算结果中绝对不会出现像0.3这样的小数。正确答案应该是–7，而不是–29.3。

有些错误更隐蔽一些。比如，假设一个实验组有200个病人，那么某种疾病的患者所占比例绝对不可能是18.1%。然而，在上面提到的那篇论文的附表1中，18.1这个数字却赫然在列。为什么说这个数字是错误的呢？因为200个人的18.1%是36.2个人。

简单的计算错误实际上问题不大，因为它们很容易被发现。但随着数学计算越来越复杂，发现错误也会变得越来越困难。

2014年，三位科学家在《世界针灸杂志》上发表了一项令人震惊的研究结果。在一项随机对照试验中，研究人员比较了两组试图减肥的超重或肥胖患者。其中一组接受经络按摩，另一组没有。两个月后，非按摩组的体重平均减少了8.2磅，而按摩组的体重减轻幅度是非按摩组的将近两倍，为15.4磅。对肥胖研究专家兼数学家戴安娜·托马斯（Diana Thomas）来说，这个结果简直难以置信。她和她的同事给《世界针灸杂志》的编辑写信说："我们在这篇研究论文中发现了一个奇怪的现象。"他们的言外之意是：作者在写这篇论文的时候肯定有些兴奋过头了。

写作这篇论文的研究团队并没有公开他们的原始数据，但他们发表的数据足以让托马斯从数学角度对该项研究的真实性进行核验。她估计了两组受试者在治疗前后的平均身高变化。（如果知道体重和体重指数，就可以计算出身高。）这项研究的参与者都是成年人，所以他们在两个月内的身高变化应约等于零。但托马斯及其同事发现，两组受试者的身高都有所增长，其中非按摩组的身高平均增加了1英寸，而按摩组的身高平均增加了2.25英寸。因此，尽管按摩组减掉了15.4磅的体重，但也长高了2.25英寸。这样的数据该如何解释呢？

　　1. 研究人员编造了研究数据。

　　2. 一些受试者悄悄潜入中土世界，和树精交上了朋友，喝下了大量"树精饮品"，然后回到了现实世界。

　　3. 一些矮个子受试者中途退出了研究，研究人员没有对此做出修正。

　　4. 计算错漏百出。

　　我们不知道上述哪个原因能够解释原始研究中出现的问题，但即使不看原始数据，我们也知道其中存在错误。截至我写作本书之时，托马斯仍然没有收到相关研究团队的回复，《世界针灸杂志》也没有撤回这篇论文。（顺便说一下，我觉得罪魁祸首可能是第3个。）

　　3号坑：流程错误。

　　如果参照一份糟糕的菜谱或者不小心把盐当成了糖，那么你很有可能烤出一个味道令人作呕的蛋糕。同样，糟糕的策划方案或蹩脚的执行过程可能毁掉一项研究。

　　流程错误也有可能非常复杂。下面我们来讨论一下

PREDIMED实验，它的全称是"地中海饮食预防医学研究"，主要研究如何用地中海饮食来预防心脏病。地中海饮食比生酮饮食的出现时间还早，采取这种饮食方式的人基本上只吃淋了橄榄油的植物性食物，偶尔也会吃点儿鱼或喝杯红酒。PREDIMED实验是一项长期的大型随机对照试验，招募了近8 000名参与者，并对他们进行了长达5年的跟踪随访。这项实验成本高昂，但这些钱似乎花得很值。2013年这项研究取得了重要发现：如果坚持地中海饮食方式，并辅以橄榄油或坚果，人们患严重心血管疾病的风险就会降低30%左右。

遗憾的是，研究人员在其中一个数据采集点犯了大错。在一个村庄里，他们没有做到随机选择受试者，而是直接选择了所有村民。也就是说，他们没有把村民分成两组——常规饮食组和地中海饮食组，而是把他们分在了同一组。

这样做有什么问题吗？假设这个村庄恰好坐落在一艘外星人的核动力飞船之上，由于飞船的反应堆堆芯会泄漏放射性废物，这会导致所有村民的心脏病发病风险增加数百万倍。结果就是，这个贫穷村庄的村民都会患上心脏病。

再假设有一群研究人员来到这个村庄，把这些极易患心脏病的村民全部分到了地中海饮食组，结果会怎么样？这组受试者的心脏病发病风险将急剧上升。如果研究人员不知道有外星人飞船这回事，他们就会把村民心脏病高发归咎于地中海饮食。又或者，研究人员有可能把这个村庄的所有村民分到控制组，那么他们患心脏病的风险就会比地中海饮食组的人大得多，从而凸显了地中海饮食的效果。很显然，西班牙的那个村庄没有外星人飞船。但问题是，毗邻而居的受试者很有可能同时接触对他们健康有益或有害的物质。如果不对他们进行随机分组，就会人为地增大或降低待测试药物、饮食或其他干预措施的有效性。

在这一研究结果发表5年后，PREDIMED实验中的错误才被发现。《新英格兰医学杂志》撤回了这篇论文，但允许论文作者重新分析数据（摒除未进行随机分组的村庄数据）后再发表。不出所料，几位作者得出了与之前基本相同的结论。不过，修正后的数据没有公开，所以一些流行病学家仍然对这项研究结果持怀疑态度。

也许我的想法过于理想和天真，但我真心希望科学文献中不再出现愚蠢的计算错误和流程错误。无论如何，重要的不是文献中是否存在错误，而是错误有多少、有多大。

指出科学论文中的错误是一项艰巨的挑战，从根本上讲，唯一的方法就是其他科学家对错误进行公开指正。不过，这对论文作者和指出错误的科学家来说都不是一种愉快的经历。这就像你强行进入一家米其林二星餐厅的后厨，要求厨师当着你（以及餐厅里所有人）的面重新制作一份法式奶油，以证明它不含麸质。这种做法对你来说很麻烦，对厨师来说很尴尬。

现在，我们的车子已经顺利通过了三个坑，下面是第四个了。

4号坑：随机性。

加拿大安大略省的1 000多万居民的基本信息都被录入了一个巨型数据库，里面包含了他们的姓名、出生日期和每位居民的唯一身份证号等。当某个居民去就医时，他接受的治疗项目会被录入另一个数据库，以其身份证号作为唯一标识字段。

这些数据不会公开，但研究人员可以申请获取匿名数据，用于解决一些关乎国计民生的大问题。比如，"随着年龄增长，人们是否会享受更多的公共医疗服务"。或者解决一些无关痛痒的小问题，比如，"双子座的人是否更有可能酗酒""处女座的女性是否更容易发生明显的孕期反应"。仔细审视这些问题，你会发现一个"老朋友"——关系。"双子座的人是否更有可能酗酒"与"双子座的人与酗酒概率增加之间是否存在联系"这两个问题大同小异。2000年，研究人员开始研究这类问题。由彼得·奥斯丁（Peter Austin）带领的研究小组获准使用安大略省居民数据库的匿名信息，并进行了如下比较：

	双子座	其他星座
2000年过完生日后因酒精依赖综合征住院的人数占比	0.61%	0.47%

依据上图，如果你的星座是双子座，2000年又住在安大略省，那么你因酗酒住院的概率是0.61%。如果你是其他星座，则该概率是0.47%。因此，奥斯丁得出结论：双子座的人的酗酒概率比其他星座的人高出30%（0.61/0.47 = 130%）。也就是说，双子座的人和酗酒住院的概率高出30%之间存在联系。但这个结论合理吗？

我们用坑洼测量仪检测一下吧。

首先，我们假设奥斯丁及其同事没有任何学术欺诈行为，也没有犯任何基本的计算错误。（成功避开1号坑、2号坑。）

其次，我们假设这项研究的操作流程无误。（成功避开3号坑。）

如果住院人数没有造假，也没有计算错误和流程错误，双子座的人和酗酒概率增加之间就必然存在合理的联系，对吗？

也许吧。

但还有其他因素也有可能导致双子座群体和酗酒概率增加之间存在联系，比如随机性。想象一下，你手里拿着一块酥脆的饼干，把它揉成渣儿，然后翻转手心，让饼干渣儿自然地掉落在地板上。然后，你换个地方，再拿一块饼干并重复这些动作。再来一次。即使你把这个实验重复100万次，也无法让饼干渣儿在地上呈现出完全一样的图案。尽管手的动作和饼干渣儿的下落受到物理定律的约束，但饼干碎裂的方式无法复制。而随机性就类似于饼干的碎裂方式。

正如心理学家布莱恩·诺赛克（Brian Nosek）所说，"随机性可能会产生看起来很真实的东西"。在上述案例中，随机性使得星座和酗酒之间似乎存在某种合理的联系。

问题在于，如何判断某种联系源自随机性？

这就是很多事情变得棘手的真正原因。推论统计学中有很多工具可用，但目前最常用的是对"p值"的计算。p值是一个介于0到1的数字，奥斯丁及其同事计算出的双子座群体和非双子座群体的酗酒差异的p值为0.015。

关于p值，这里有一个准确的定义：p值是一个概率，也就是说，如果你把随机挑选的双子座群体与非双子座群体进行比较，那么两个群体在酗酒方面存在的差异至少会超过奥斯丁的计算结果。当然，前提是满足以下三个条件：第一，所有双子座个体和非双子座个体在酗酒方面没有实质性差异；第二，奥斯丁在构建统计模型的过程中做出的所有假设都有效；第三，奥斯丁的每个研究步骤都不存在数据造假、计算错误、流程错误和其他问题。

这个定义看起来非常麻烦，所以大多数科学家、记者、政策制定者和除专业统计人员之外的其他人都会选择无视它，并给出如下定义：p值就是双子座群体和酗酒之间存在联系的随机概率。

如果你采用第二个定义，且你计算出的p值为0.015，那么你将得出以下结论：

    1. 双子座群体和酗酒之间存在联系的随机概率只有1.5%；

    2. 100 − 1.5 = 98.5，也就是说，这种联系存在的非随机概率是98.5%；

    3. 因此，这种联系存在的合理概率为98.5%。

在很长一段时间里，许多科学家都在使用这种思维框架。他们一致认为，如果p值小于0.05（5%），这种联系就"具有统计显著性"，并认定其合理。如果p值大于0.05，结果就是"不具有统计显著性"，并认定其不合理。

回顾一下p值的准确定义，你可能会注意到第二个或第三个条件几乎是满足不了的，因为不满足这两个条件很容易。奥斯丁的p值之所以为0.015，有可能是因为黑客恶意篡改了安大略省居民数据库的数据，也有可能是因为奥斯丁将乘法误算成除法，还有可能是因为医生将更多的双子座个体归入了酗酒者的行列，等等。

统计学家兼科学传播者里贾纳·纽素指出，要理解p值，最简单的方法可能是"对意外状况的原因做出判断"。想象一下，现在是圣诞节的凌晨两点，你被客厅里的声响吵醒了。"天哪！"你自言自语道，"这一定是圣诞老人发出的声响吧！"

真的是圣诞老人吗？

当然有可能是圣诞老人，但也有可能是你的孩子偷偷溜到客厅，想看一眼圣诞老人，或者是你36岁的兄弟在偷吃你给圣诞老人准备的饼干，或者是书架上的书掉落下来，弄出了动静，或者是有小偷闯入。很小的p值就像凌晨客厅的声响，只能告诉你发生了意外状况，但无法告诉你到底发生了什么。

就像股票一样，随机性（车子驶过合理联系之路必经的第4个坑）是一种十分复杂的因素。与前三个因素不同，随机性完全不可人为操控，它是宇宙运行的方式之一。遗憾的是，几十年来，我们神化了p值的价值。下面我们回到奥斯丁关于酗酒和双子座群体的研究上来。

彼得·奥斯丁及其同事不仅发现双子座的人更有可能因为酗酒而住院，他们还发现了其他星座和疾病之间的"联系"。或者说，他们提出了一种披着科学外衣的占星术：

~~~~~披着科学外衣的占星术~~~~

白羊座 ♈ 因肠道感染住院的概率高出41%

金牛座 ♉ 因肠憩室住院的概率高出27%

双子座 ♊ 因酒精依赖综合征住院的概率高出30%

巨蟹座 ♋	因肠梗阻（无疝气）住院的概率高出12%
狮子座 ♌	因不明原因住院的概率高出17%
处女座 ♍	因严重的孕期反应住院的概率高出40%
天秤座 ♎	因骨盆骨折住院的概率高出37%
天蝎座 ♏	因肛门和直肠部位脓肿住院的概率高出57%
射手座 ♐	因肱骨骨折住院的概率高出28%
摩羯座 ♑	因其他不确定或不明原因住院的概率高出29%
水瓶座 ♒	因胸痛住院的概率高出23%
双鱼座 ♓	因心力衰竭住院的概率高出13%

总之，他们得出了72种类似的联系，而且所有联系的p值均小于0.05，具有"统计显著性"。

这简直滑稽至极！

从表面上看，这项研究似乎与真正的科学研究无异。奥斯丁及其同事按照设计完成了所有的研究流程：搜索了庞大的数据库，梳理了所有相关数据，发现了数据反映的所有联系（以及更多信息）。但彼得·奥斯丁不是占星术士、巫师或医生，而是一个统计学家，他的研究证明盲目遵循错误的思维框架可能产生一系列荒谬的结论。总之，这项研究是统计学领域的一个失败范例，展示了第5个坑——篡改p值，即为了得到目标数据而操纵数据。

让我们仔细审视一下这项失败的研究，你会发现它存在两个严重的错误。

第一，奥斯丁认为，如果p值小于0.05，就可以认定某种联系是合理的。实际上，没有任何p值可以保证某种联系的合理性。p值只是线索之一，但它绝对不是最重要的那个，也不一定能揭示出真相。

第二，奥斯丁及其同事撒下了一张巨大无比的实验网。他们一共提出了14 718个假设，而不是关于某个星座或某种疾病的一个具体假设。所以，奥斯丁完成的不是一个实验，而是同时完成了14 000多个实验。

处女座的人 ♍ 更容易因为患肺结核而住院吗？

梅毒呢？

痛风呢？

阑尾炎呢？

……

天秤座的人 ♎ 更有可能因为骨盆骨折而住院吗？

梅毒呢？

痛风呢？

阑尾炎呢？

……

奥斯丁及其同事撒下了一张铺天盖地的实验网，然后有选择性地发布具有"统计显著性"的结果。这就好比有人生了5个孩子，过30年看看哪几个比较成功（p < 0.05），并与不成功的

孩子（p > 0.05）断绝关系，之后宣布自己是育儿史上最优秀的父亲或母亲（只发表p值小于0.05的实验结果）。奥斯丁利用了那个庞大的数据库，完成了他的14 000多个实验，并"发现"双子座的人因酗酒住院的概率比其他星座高出30%，因此他只发表了这个具有"统计显著性"的研究结果。

不管你是不是一个优秀的父亲或母亲，你生育的孩子越多，其中一个孩子获得成功的概率就越大。同样，根据随机性原则，测试的假设越多，出现"统计显著性"的概率也越大。

上面讨论的是一种最愚蠢的篡改p值的方式：测试几千个假设，却只发表p值小于0.05的那一个。其实还有许多更隐蔽的篡改p值的方式，即使最专业的科学家也不一定能辨别出来。下面我们来做一个快速的思维实验。假设奥斯丁没有进行14 000多项实验，他只做了一个。他认为天蝎座的人更有可能酗酒，并据此去数据库搜索，结果发现天蝎座群体的酗酒概率比其他人高出37%！但是，p值为0.76，远大于0.05，因此该研究结果不能发表。那么，他会不会就此放弃而转做其他研究呢？

他不会就此放弃，而且事实的确如此。

他想到，这些数据可能只适用于2000年，如果结合1999年的数据再试一次，也许会有不同的发现。

他说干就干。结果呢？ P值为0.43。

于是，他又尝试只采用1999年的数据。结果呢？ p值为0.12，成功近在咫尺！

突然他灵机一动：小孩子不可能酗酒吧。所以，他应该再试一次，这次只采用18岁以上群体的数据。结果呢？ p值为0.071，差不多了！

他又想到，18岁这个划分标准或许也不太准确。三十几岁的人对酒精最缺乏耐受力，于是他又试了一次，这次只采用30~40岁群体的数据。

结果呢？p值为0.98，垃圾！

随即，他产生了新的灵感：大学生患酒精依赖综合征的情况也许很罕见。于是，他又试了一次，这次只采用22岁以上群体的数据。

结果呢？p值为0.043，中头奖了！终于可以发表了！

在我们的思维实验中，奥斯丁的所作所为展示了一种更巧妙地篡改p值的方式。他并没有做成千上万个实验，而是只做了一个，并不断调整数据，直至得到他想要的结果。在这个例子中，他只操纵了两个变量：居民的年龄段和住院年份。除此之外，他也可以用其他方式操纵结果，比如加入更多来自不同城市的人的数据，按性别划分数据，在算法细节上动手脚，等等。

篡改p值的做法之所以如此隐蔽，是因为它看起来似乎合情合理。正如三位心理学家在最近的一篇评论文章中所说，篡改p值"不是心怀不轨的研究人员恶意的杜撰行为，而是渴望成功的研究人员试图弥补其失败结果的无奈之举"。

我采访过的许多研究人员都将这种错误行为归咎于发表论文的巨大压力，尤其是具有"统计显著性"的论文。里贾纳·纽素的话说得极妙：

> 我们建立了一种奖励机制，要求你取得具有统计显著性的研究结果。就像你努力达到性高潮一样，在达到性高潮之前你必须咬牙坚持！

但她又补充道："无论是做爱还是搞科研，这样的方式都是不正确的。过程才是最重要的。"

她说得对。让我们快速回顾一下通向合理联系之路上可能存在的坑：

1号坑：学术欺诈。

2号坑：基本计算错误。

3号坑：流程错误。

4号坑：随机性。

5号坑：统计数据作假，包括篡改p值。

我们再回顾一下第1章列举的一些可怕的数据：

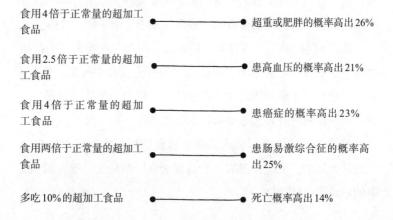

食用4倍于正常量的超加工食品 ●————● 超重或肥胖的概率高出26%

食用2.5倍于正常量的超加工食品 ●————● 患高血压的概率高出21%

食用4倍于正常量的超加工食品 ●————● 患癌症的概率高出23%

食用两倍于正常量的超加工食品 ●————● 患肠易激综合征的概率高出25%

多吃10%的超加工食品 ●————● 死亡概率高出14%

这些数据都来自两项大型前瞻性队列研究，其中一项是西班牙的纳瓦拉大学后续研究，也叫SUN研究；另一项是法国的营养与健康研究。

接下来，我们来讨论一下这两项研究可能陷入的坑。

1 号坑：学术欺诈

我们假设这两项研究不存在学术欺诈行为。

2 号坑：基本计算错误

我们假设这两项研究也不存在愚蠢的计算错误，因为我们无法获得原始数据。

3 号坑：流程错误

这两项研究本质上都是大型的连续性调查，它们收集数据的主要方法是，将纸质版调查问卷邮寄给受试者，或者让他们在线填写。也就是说，这两项研究都要依赖受试者记忆的准确性和回答的诚实度：吃了什么，是否怀孕了，体重多少，身高多少，胆固醇水平多少，等等。在SUN研究中，研究人员要求受试者回答554个问题，此后每两年再回答一次这些问题。据我所知，SUN研究的所有数据都来自受试者的自我报告。换句话说，在这项研究中，没有一位护士、医生、科学家或其他专业人士参与，更不用说给受试者抽血、检测、称重或做体检了。而在营养与健康研究中，只有一小部分受试者进行了正规体检，大多数受试者只是填写了调查问卷。

即使受试者没有撒谎，并且拥有完美的记忆力，这两项研究采用的调查方法也只能捕捉到受试者的一部分生活。SUN研究数据认为摄入超加工食品与死亡之间存在联系，该数据来源是受试者在两年间填写的食品调查问卷（人均6份，每份的调查时限为24小时）。如果受试者填写问卷时刚参加完一个一岁孩童的生日聚会，那么研究人员对他摄入超加工食品的数量估计就会偏高；如果受试者正在减肥，研究人员可能又会低估他们的超加工食品摄入量。这样的错误可能导致两方面的问题：要么高估了风险，要么低估了风险。

4 号坑：随机性

正如我们在前文中看到的那样，你不能只依据 p 值就断言是不是随机性导致了研究结果。所以，你能做的就是等待，看其他科学家是支持还是反驳这个研究结果。在我撰写本书期间，又有两项研究表明，超加工食品会对人体健康造成多种不良后果，包括死亡。不过，现在下结论还为时尚早。

5 号坑：统计数据作假，包括篡改 p 值

针对居民营养状况开展的大型前瞻性队列研究，通常需要测量几百个变量（身高、体重、血型、教育水平、每天的鱼肉摄入量、每天食用几袋奇奇多等），调查人员分析数据（排除哪些群体，后续随访多长时间，使用什么数学模型等）时，需要做出几百个选择。换句话说，科学家构建研究框架时拥有充分的选择余地，这意味着篡改 p 值（不管有意还是无意）易如反掌。遗憾的是，仅仅通过阅读论文，我们很难分辨其中是否存在篡改 p 值的情况，除非论文作者不小心透露了事实。

当你阅读这些大型前瞻性队列研究的结论时，想象一下：你参加了邻居家的国庆日烧烤餐会，现场有可口的美食，小狗在旁边吠叫，还有很多孩子。主人把他们的女儿介绍给你认识，她

获得了全A的成绩，目前正在一家律师事务所做暑期实习生。你心中暗想："哇，这对父母太厉害了！"但关键问题是，谁能保证他们家的所有孩子都到场了？也许他们还有一个不上进的儿子，此时正躲在自己的房间里浏览色情网站呢！也就是说，你看到的可能只是一组经过精心选择、可以构建"成功"联系的变量和分析。

现在，我们来看一个具体的例子。

营养与健康研究测试了超加工食品与6种癌症之间的联系，分别是前列腺癌、结直肠癌、乳腺癌、绝经前乳腺癌、绝经后乳腺癌及其他所有癌症。

这么多项实验能完成吗？目前已知有100多种癌症。

超加工食品和胃癌之间有联系吗？假设研究人员对这个问题进行了测试，并发现p值为0.35。食道癌呢？p值为0.78。脑癌呢？p值为0.09。绝经后乳腺癌呢？p值为0.02。

研究成功了！

你明白我的意思了吗？"癌症类型"只是其中一个变量，除此以外，还有数百个变量可供研究人员操控，它们当中既有显性变量，又有隐性变量。本质上，从100多种癌症中挑选6种或者选择其他变量的做法没有任何问题。作为一名科学家，你必须对测试对象做出选择，不是吗？但我认为，作为这项研究的旁观者，你有权要求研究者做出承诺，在选择这些变量的时候不得操纵数据。

科学家给这种承诺方式起了一个好听的名字：预先登记。

预先登记指研究人员在招募受试者参与研究之前，就要告诉外界他们要测试哪些变量，以及如何分析这些研究数据。如果你在美国国立卫生研究所的预先登记数据库中查找SUN研究、营养与健康研究，你就会发现这两项研究都做过预先登记。

那么，他们预先登记的内容与实际状况相符吗？并不相符。

这两项研究都是在项目开始几年后才履行了"预先登记"手续，这并不符合规定的流程。其实，在这两项研究启动之时，预先登记制度还处于可有可无的状态；但在相关研究论文发表之前，预先登记已经变成了必须履行的程序。所以，研究人员应该预先登记他们的数据分析计划，比如，"我们要在SUN研究中通过分析采集的数据库，验证超加工食品与超重及肥胖之间是否存在联系；我们要在营养与健康研究中，验证超加工食品与6种癌症之间是否存在联系。以下是我们的数据分析方式"。据我所知，这两项研究都没有预先登记类似的内容，它们的材料中根本没有提到超加工食品。

那么，我们又该如何应对呢？

截至目前，我们讨论了5个通往合理联系之路上的"坑坑洼洼"。其中，基本计算错误和流程错误最有趣，因为这类错误明显而确定，这也是为什么地中海饮食预防医学研究中的纰漏成为新闻头条。最让我头疼的还是篡改p值，它让我对本书第1章中列举的可怕数据产生了严重怀疑，因为仅通过阅读研究论文，根本无法判断其研究结论是合理联系还是恶意篡改的结果。

第 8 章

公共泳池的气味从何而来？

本章关键词：
咖啡，氯气，公共泳池，红色泳衣，墨西哥夹饼

截至目前，我们看到的都是通往合理联系之路上的坑。假设你构建了一个完全正确、严丝合缝、滴水不漏、有据可依的合理联系："拥有猎枪与拥有更多的女性伴侣之间存在非常紧密的联系。"为了便于讨论，我们假设你的研究既没有篡改p值，也不存在愚蠢的计算错误。根据第6章讨论的内容，你应该问如下问题：这种联系是因果关系吗？也就是说，女人喜欢猎枪拥有者的原因在于猎枪吗？

是不是如果你买一支猎枪，女人们就会纷纷喜欢上你？

你想得太美了。

其实，关于拥有猎枪和更多女性伴侣的研究，我还隐瞒了一些信息，即调查中有关男性的其他信息。

仔细想一想，如果你是男人，你就更有可能购买猎枪，也就更有可能拥有女性伴侣。拥有猎枪和拥有更多女性伴侣之间的联系是合理的，但两者并不是因果关系。

这种由其他潜在因素导致的合理联系并非因果关系，而是

"混淆联系"。下面我们来看几个混淆联系的案例。

多项研究发现，喝咖啡与肺癌发病风险增加之间存在关联。比如，与不喝咖啡的群体相比，喝咖啡群体的肺癌发病率高出28%。这是基于8项研究得出的结论，这些研究涵盖了超过1.1万个肺癌病例，p值为0.004。

说起来有点儿奇怪，根本不会接触肺部的东西怎么会导致肺癌呢？还记得NNK吗？它是香烟中的一种强致癌物，无论你以何种方式让大鼠接触NNK，大鼠都会患上肺癌。或许咖啡里面也含有NNK？

事实证明咖啡里面没有NNK，但它含有丙烯酰胺，这种化学物质也广泛存在于香烟和油炸淀粉类食品中。国际癌症研究机构、美国国家毒理学项目和美国环境保护署都表示，丙烯酰胺可能是一种人类致癌物，因为它能导致大鼠和小鼠患上甲状腺癌。

所以，咖啡含有的丙烯酰胺会导致人类患上肺癌，是这样吗？

没这么简单。

第一，导致实验室动物患癌的丙烯酰胺剂量很高，是人类通过喝咖啡摄入剂量的1 000~10 000倍。第二，咖啡虽然含有至少一种可能的致癌物，但它还含有可能的防癌物。比这两个因素更重要的是第三个潜在因素：吸烟。

第4章讲过，吸烟会使肺癌发病风险急剧增加。而且，吸烟与喝咖啡密切相关。

我们最初画的示意图是：

喝咖啡 ●————————————● 肺癌

但现在我们的示意图变得复杂了一点儿：

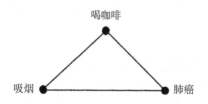

喝咖啡

吸烟　　　　　　　肺癌

　　到底哪个因素才是导致肺癌的元凶，喝咖啡还是吸烟？解决这个问题有三种方法，分别为低等难度方法、中等难度方法和高等难度方法。低等难度方法是，假设喝咖啡（或其他因素）之所以与肺癌有关，最有可能的原因是吸烟与肺癌有着强大的因果关系。这个想法并不疯狂，但它本身令人难以信服。正如你可能猜到的那样，解决这个问题的高等难度方法是开展随机对照试验，招募众多受试者，并将他们随机分成两组，让其中一组喝咖啡，另一组不喝，最后看哪组受试者会患肺癌。这种方法除了令人生厌之外，还存在道德伦理问题，费用也很高昂，耗时很长，至少要花费10年左右的时间。

　　中等难度的方法其实最巧妙，你能猜出来吗？还记得我在第4章说过的地球上大多数人都不吸烟的事实吗？如果你招募一批不吸烟的人去做咖啡–肺癌关联测试，会得到什么结果呢？

　　其实，科学家已经做过这样的测试了。他们的测试结果如下：如果只考虑那些没有吸烟史的人，喝咖啡实际上与肺癌发病风险降低有关联，但不具有统计显著性。这类测试表明，万恶的肺癌加速器是吸烟，而喝咖啡只是无辜的"路人甲"。

　　这就是6号坑：混淆联系。

营养流行病学研究中是否也存在混淆联系？

我们再来看看营养与健康研究中是否也存在混淆联系。

在研究后期，研究人员根据受试者摄入超加工食品的数量把他们分成了人数大致相同的4个组。第一组摄入的超加工食品数量最少，约占他们饮食总量的8.5%，我们称之为藜麦爱好者。第四组摄入的超加工食品数量最多，占他们饮食总量的32.3%，几乎是藜麦爱好者的4倍，我们称他们为化学家。

关键问题在于，即使你要根据一个变量（在这项研究中，这个变量就是超加工食品）分组，也要考虑其他相关变量。在这项研究中，化学家和藜麦爱好者之间存在方方面面的差异。具体来说，化学家可能：

- 较为年轻
- 吸烟
- 个子较高
- 更有活力
- 食量大
- 很少喝酒
- 采取避孕措施
- 孩子较少

因此，你在比较化学家群体和藜麦爱好者群体时，不仅要比较超加工食品的摄入量，还要对两个群体的整体特征进行综合比较：

> 化学家：较为年轻、个子较高、更有活力、采取避孕措施、吸烟、很少喝酒、摄入大量超加工食品

> 藜麦爱好者：年龄较大、个子较矮、不爱运动、不采取避孕措施、不吸烟、几乎不吃超加工食品

这简直就是滋生混淆联系的温床。

下面举一个具体的例子。这项研究的目的是弄清楚摄入大量超加工食品的群体的癌症发病风险是否更高。这项研究的核心结论是：化学家群体的患癌概率比藜麦爱好者高出23%。但如果你仔细看一下这两个群体的原始数据，你就会大吃一惊：化学家群体中出现了368个癌症病例，而藜麦爱好者群体中出现了712个癌症病例。所以，对那些吃了4倍超加工食品的化学家群体来讲，他们的患癌人数反倒是藜麦爱好者群体的将近一半？这难道说明超加工食品能预防癌症吗？

当然不是。

事实证明，这里的主要混淆变量是年龄，藜麦爱好者群体的平均年龄比化学家群体大了10岁。一旦你根据一个变量给一大群人分组，其他变量的差异就可能会对研究结果产生巨大的影响，比如年龄。

所以，营养流行病学研究中也会存在混淆联系的问题。当你做观察性研究时，如果根据任意一个变量给研究对象分组，那么至少存在一种混淆变量。

理论上讲，你可以对所有潜在的混淆变量进行"调整"，即"做大量的数学运算，尝试分离出你关注的那个变量"。（在这项研究中，研究人员分离出来的变量是超加工食品。）这就是这项研究的实施者从原始数据（化学家群体的癌症发病率比藜麦爱好者群体低48%）中推导出最终结论（化学家群体的癌症发病率比藜麦爱好者群体高23%）的方法。遗憾的是，这个过程存在两个问题：第一，为了调整变量，你必须先进行测量，但你无法对所有的关键变量进行测量。第二，调整变量不是一件容易的事，你无法确保自己的调整是正确的。一旦出错，结果就会完全失控，你可能高估或低估真正的风险。

因此，6号坑——混淆联系——是存在合理联系的两个因素之间建立因果关系的绊脚石。在这个案例中，超加工食品和癌症之间的联系可能存在，但不一定是因果关系。它的出现可能源于研究人员未测量的混淆变量，也可能源于研究人员对已测量变量的错误调整。

我们要讨论的最后一个坑——7号坑——可能是最微妙的一个。我们还是回到喝咖啡的研究上去吧，毕竟有关咖啡的研究比超加工食品多。

2017年，研究人员发表了一份关于喝咖啡的综述性报告。作者综合了既有的数百项关于喝咖啡的研究结果，涵盖了数百万名受试者，获得了大量研究数据。

在我看来，其中最重要的数据是，与不喝咖啡相比，每天喝三杯咖啡的人的死亡概率大约会降低17%。每天喝三杯咖啡是最佳选择，而不是越多越好；像劳拉蕾·吉尔莫（Lorelai Gilmore）这样的人每天喝7杯咖啡，但他们的死亡概率比不喝咖啡的人仅低了10%。

下面我们假设喝咖啡与死亡概率降低之间存在合理联系，但这并不意味着喝咖啡一定可以降低死亡概率。

要想知道这两种说法之间究竟存在着多大的差异，你可以想一想公共泳池的气味。如果你在室内公共泳池待过，你肯定对我说的那种气味不陌生：浓烈扑鼻，令人头晕，混着一股来苏水的味儿。

这种特殊气味的成分是什么呢？

众所周知，公共泳池会用氯气消毒，而湖泊、河流和雨水都没有用氯气消毒。下面让我们梳理一下氯气的使用情况和泳池的气味：

	是否使用氯气消毒	泳池是否有气味
湖泊	否	否
河流	否	否
雨水	否	否
家用自来水	是	否
露天公共泳池	是	有，但不浓烈
室内公共泳池	是	有，很浓烈

本质上，上述过程就是一项观察性研究：你收集了不同的水样（吸进你的鼻子），发现泳池的气味几乎与氯气相伴相生。

也就是说，氯气和泳池的气味之间存在联系，就像喝咖啡和死亡概率降低一样。注意，这种联系并不是完全相关的，家里的自来水也经过了氯气消毒处理，但它没有泳池的气味。

每当你看到两件事之间存在联系，你的大脑就会凭直觉做出判断。不仅是你，大多数人都会这样，并且习以为常，所以人们很难察觉。比如，你的大脑在接收到上表中的信息后会自然地得出一个结论：这两件事之间肯定存在因果关系。而且，气味通常是某个原因的产物，而不是某个结果的原因。于是，你的大脑会在你毫无察觉的情况下得出结论：泳池气味的元凶是氯气。

这个结论正确吗？为了解答这个问题，我做了一个简单的实验。

我把100毫升蒸馏水倒入两个空烧杯，闻了闻，没有气味。然后，我往其中一个烧杯里加了0.025克次氯酸钙（一种常见的泳池消毒剂），搅拌直至消毒剂充分溶解，之后我又闻了闻。如果泳池的气味来自氯气，这个烧杯里的水就应该散发出和泳池一样的气味。

但事实上，什么气味都没有。

也许反应需要一段时间才能完成，我把两个烧杯盖好，在室温下放置了一夜。

第二天，仍然什么气味都没有。

这就奇怪了，除了氯气，泳池里还会有什么？

不会是尿吧？天哪！是尿吗？有可能是……

好吧，只有一个办法可以验证这个假设。

我又做了一次实验，这次使用了4个烧杯：第一个烧杯里只有水；第二个烧杯里是水和氯气；第三个烧杯里是水、氯气和少许新鲜尿液；第四个烧杯里是水和尿液。我把所有烧杯都盖好，在室温下放置了一夜。

第二天，我挨个闻了闻，既不是氯气的气味，也不是尿的气味，而是两者混合的气味。

这是不是意味着所有泳池里（任何时候）都有尿？

心灵天使
等一下。不要草率下结论。

心灵魔鬼
你是什么意思？草率？你刚才明明做过实验！

心灵天使
的确做过，但除了尿以外，我们身上还会冲下来很多其他东西，比如防晒霜。

心灵魔鬼
嗯，我觉得你说得对。除了尿尿，我们也会吐口水。

心灵天使
这就没那么恶心了。

心灵魔鬼
我们还会擤鼻涕。

心灵天使
真的吗？

心灵魔鬼

甚至会大便。

心灵天使

你太恶心了！

心灵天使和心灵魔鬼提出了4种有趣的可能性：防晒霜、口水、鼻涕和大便。我测试了其中两种：鼻涕产生的气味很淡，根本无法与泳池的气味相提并论；而口水的气味在我看来，跟健身中心的室内泳池散发的气味一模一样。

至此，我们可以对原来的说法（"氯气与泳池的气味有关"）做些修改了。恰当的表述是："氯气与人的尿液、鼻涕或口水混合，会产生一种与室内泳池非常相似的气味。"科学研究在解决问题的同时，往往也会衍生出更多问题：泳池的气味在多大程度上源于尿液？在多大程度上源于鼻涕或口水？就化学成分而言，我通过小规模实验制造的气味与室内泳池的气味一样吗？人们是不是真的经常在公共泳池里小便，以至于每个泳池都发出相似的气味呢？

泳池和小便是7号坑的关键——研究方案的设计。也就是说，你的研究类型会限制你对因果关系的判断。去闻多个公共泳池的气味属于一项观察性研究，它可以告诉你氯气和泳池气味之间存在联系，但它无法告诉你泳池气味的元凶是氯气。在一个桶里放少量尿液，另一个桶里没有尿液，再比较两个桶的气味，这是一项对照试验。虽然它可以告诉你泳池气味的来源是尿液和氯气，但它也有局限性。

因此，当你看到诸如"蓝莓与死亡概率降低有关"之类的新闻标题时，一定要牢记通往合理因果关系之路上可能出现的各种坑：

　　1号坑：学术欺诈

　　2号坑：基本计算错误

　　3号坑：流程错误

　　4号坑：随机性

　　5号坑：统计数据作假，包括篡改p值

　　6号坑：混淆联系

　　7号坑：研究方案的设计（观察性实验或随机对照试验）

当然还有其他坑，但以上这些都是比较重要的坑。

找出研究中的所有坑，并尝试确定它们是否影响了最终的研究结论，并不容易做到。如果哪个研究团队能够开发出一种系统化的方法对研究进行评估，并帮助你判断是否应该放弃奇多食品，那就太棒了。

最近，一个科研团队开发出一种对大量数据进行评估并判断它们的好坏的系统方法。等级系统由此诞生，你可以把它想象成学校常用的字母评分等级：

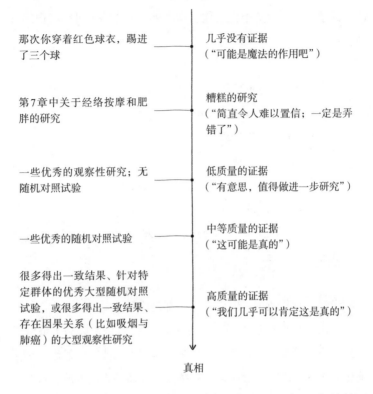

没有线索

那次你穿着红色球衣，踢进了三个球 —— 几乎没有证据（"可能是魔法的作用吧"）

第7章中关于经络按摩和肥胖的研究 —— 糟糕的研究（"简直令人难以置信；一定是弄错了"）

一些优秀的观察性研究；无随机对照试验 —— 低质量的证据（"有意思，值得做进一步研究"）

一些优秀的随机对照试验 —— 中等质量的证据（"这可能是真的"）

很多得出一致结果、针对特定群体的优秀大型随机对照试验，或很多得出一致结果、存在因果关系（比如吸烟与肺癌）的大型观察性研究 —— 高质量的证据（"我们几乎可以肯定这是真的"）

真相

在我写下这些内容时，人们还在寻找反对超加工食品的证据，但目前看食用超加工食品的风险并不算大，因此这些证据的质量并不高。低质量证据并非通常意义的"低质量"，你看到这样的证据时往往会说："嗯，很有趣，也许我们应该做一个随机对照试验检验一下这种联系是否合理，是否存在因果关系。"它们也不是那种你看一眼就胸有成竹的证据："我们对于这个结论十分确定，这种联系很合理，并且存在因果关系。直接发布吧！"因此，我们应该谨慎对待有关超加工食品的证据。

超加工食品可能会成为肥胖和糖尿病的一个重要诱因，但它也有可能只是一个伴随变量，稍微推动了一下死亡加速器，但不是主要的驱动力。随着我们将大笔研究经费持续投入到超加工食品的研究中，相关证据的质量最终会得到提升。

就在我写下这部分内容时，我收到了凯文·霍尔（Kevin Hall）的电子邮件，他是美国国立卫生研究所新陈代谢方面的研究专家。几个星期前我联系过他，问了他一些有关超加工食品、肥胖和新陈代谢的常见问题。凯文回答说："关于超加工食品的研究论文正在接受同行评议，所以我不能透露研究的具体细节……"

原来，他的团队已经准备公布第一项随机对照试验的结果了，他们使用的正是第1章中介绍过的NOVA分类系统。

这是第一项测试超加工食品是否比未加工食品使人摄入更多热量、增加更多体重的随机对照试验。不得不说，诸如此类的研究难度大，成本高。霍尔及其团队基本上遵循了随机对照试验的操作流程，只不过试验时间只持续了28天，而不是很多年。此外，试验地点也不是两个荒岛，而是马里兰州贝塞斯达的美国国立卫生研究所医院。尽管做了这些改动，但这项研究的开展依然障碍重重。霍尔需要招募一批志愿者，他们必须自愿做到以下几点：

- 在医院住一个月，中途不能离开医院；
- 只吃医院供应的食物，用餐时间控制在60分钟以内，餐后会有专人收集吃剩的食物并进行称重；

- 每天早晨6点称体重，由护士负责记录；
- 每周做一次X射线检查；
- 每两周做一次核磁共振检查；
- 每天采集尿样；
- 每周做一次体能消耗测试，需要24小时待在密闭的房间内；
- 4周内抽血3次；
- 每天24小时佩戴加速计，监测体力活动情况；
- 每天骑室内单车三次，每次20分钟。

幸运的是，霍尔居然招募到20名身体健康的志愿者参与这项研究。让我衷心地向这些为科学献身的人致敬！

那么，这项研究到底是如何进行的？20名志愿者被随机分成两组，每组10人，然后分别食用超加工食品或未加工食品。两组志愿者饮食的热量、蛋白质、碳水化合物和脂肪含量大致相同，主要区别在于热量的来源，一组来自超加工食品，另一组来自未加工食品。两周后，两组志愿者相互交换饮食：超加工食品组改吃未加工食品，未加工食品组改吃超加工食品。日常提供给志愿者的食物热量是他们维持体重所需热量的两倍。为什么呢？因为霍尔及其团队想弄清楚，如果食物经过加工，人们是否会吃下更多。达成这一目的的唯一方法就是给志愿者不限量地提供食物，让他们可以想吃多少就吃多少。

你可能已经猜到结果了。在试验过程中，超加工食品组摄入了更多的热量（人均大约多出了500卡路里），他们的平均体重也大约增加了0.9千克；而未加工食品组的平均体重约下降了0.9千克。注意，这不是一项观察性研究，而是一项随机对照试验。

看起来有理有据，对吧？

对。但金无足赤、人无完人，试验也不例外。所以，让我们给它挑挑刺吧。

想要测试超加工食品是否会让人吃得更多、长得更胖，你必须"隔离目标变量"。也就是说，你必须确保两种饮食的唯一区别在于食物是否经过超加工。为什么呢？想象一下，在泳池气味的实验中，我按照下列方式往烧杯里放入液体：

烧杯1：蒸馏水+氯气
烧杯2：浇花水+氯气+尿液

烧杯2闻起来会有游泳池的气味，但我不能由此断定尿液就是元凶。为什么呢？因为有可能是浇花水里的什么东西产生了这股气味，或者是浇花水和氯气发生反应，产生了这股气味。

对于这种简单的实验，隔离目标变量很容易做到。但对于一项涉及饮食方式的研究，难度则要大得多。尽管霍尔及其同事尽力确保两种饮食在所有变量上尽可能相似，但有的变量，比如"每克食物含有的热量"，是无法做到一样的。"每克食物含有的热量"也被称为能量密度，不同食物的能量密度差别很大。例如，芝乐坊餐厅的一块薄荷巧克力奶酪蛋糕的热量高达1 500卡路里，而相同质量的牛奶的热量只有250卡路里。我们在第1章说过，超加工食品的能量密度很高。凯文·霍尔的研究也证明了这一点。所以，体重增加可能也源于能量密度的差异，而不只是加工过程的区别。

也许我们还应该考虑"味道"这个变量。正如一位推特用户评价的那样，"这项研究只是发现人们更喜欢吃美味的墨西哥夹饼，而不是单调乏味的沙拉"。这个想法并不疯狂，但参与研究的20名志愿者认为这两种饮食在"愉悦感"方面大致相同。你可能会说，这就证明了味道不重要，但《美国临床营养学杂志》的前任主编丹尼斯·比尔（Dennis Bier）并不认同这种说法。他认为，人们通过食用超加工食品多摄入了500卡路里的热量，这充分表明超加工食品的味道更好。

总之，如果这项研究真的是为了测试超加工食品对人类体重增加的影响，那么其饮食设计方案应该与能量密度及我们没有考虑到的其他变量更加匹配。

我们之所以无法完全认同他们的研究结论，也许还有其他原因。

比如，这项研究的规模较小（只有20名受试者），持续时间也较短（只有28天）。而且，霍尔无法对受试者完全屏蔽研究目的。他的确尽力向志愿者隐瞒该项研究的相关信息，但参与者凭直觉就能知道，他们参与的研究项目旨在测试超加工食品是否对人体有害，所以他们对超加工食品有了先入为主的看法，这会在一定程度上影响研究结果。

此外，这次试验的环境也与现实生活相去甚远。除了住院和身体指标测试以外，志愿者们还需要回答以下问题："你现在有多饿？""你现在想吃多少？"他们也要按照要求对他们吃的食物做出评价，有时甚至是在他们进餐期间。这有什么问题吗？

与其说这种做法可能会影响两组人的实际差异，还不如说它可能会决定类似的实验在离开特定的环境后是否具有适用性。

还有一个可能存在的问题是志愿者。他们的平均身体质量指数（BMI）为27，处在世界卫生组织认定的"超重"范围内。他们比较年轻（平均年龄为31岁），愿意参加为期一个月的复杂临床试验。这些因素可能不会影响两组间的差异，但这意味着研究结果可能不适用于像你我这样的普通人。如果你已经75岁了，身体质量指数为22，你也不愿意参与科学研究，那么你的身体状况可能与受试者之间存在很大的差异，研究结果也不适用于你。

以上两个都是随机对照试验的常规问题，而不只是霍尔实验面临的问题。事实上，人们对随机对照试验的批评意见常常源于研究的具体设计不适用于普遍情况，包括测试环境和受试者。所以，你不一定能把研究结果推广到你感兴趣的群体身上。

好了，让我们给霍尔一些鼓励和肯定吧！

这项研究的预先登记流程十分完备。霍尔也说到做到，准确测试了他计划测试的内容。此外，他免费与他人分享所有的原始数据。也就是说，如果有人想要查看、检验他的每一项计算或进行其他计算，都可以免费使用他的研究数据，而无须另行申请。以上两种做法让我确信，这项研究是客观公正的。尽管两种饮食的某些变量不同，但多数变量都非常相似。比如，来自碳水化合物、蛋白质和脂肪的热量占比几乎相同，这样就可以把一些变量从混淆变量的名单上划掉，这很有用。

那么，这项试验是否提高了反对超加工食品的证据的质量呢？

是的，这项试验表明，超加工食品使一群已经超重的年轻人变得更胖了。但是，我们不能据此断定"经过加工"是超加工食品让受试者体重增加的原因。

乍一看，这毫无意义。我们为什么能断定是超加工食品起了作用，却无法断定具体起作用的是食品"经过加工"这个因素呢？这是因为，超加工食品是由一系列变量捆绑在一起的：能量密度（高），体积（小），味道（美味），生产地点（工厂），含盐量（高），等等。在霍尔的研究中，这些变量不太匹配，所以无法确定是哪些变量导致受试者体重增加。

思考一下"知道超加工食品导致人的体重增加"和"知道为什么超加工食品导致人的体重增加"之间的区别。我们总是想搞清楚为什么，但有时候我们不得不先去解决前一个问题。霍尔的研究为我们做了示范，接下来会有更多的试验跟进。

此外，霍尔试验的期限短、规模小，并且是在非常结构化的环境中针对特定群体开展的研究。因此，研究结果可能不像我们想的那样具有广泛的适用性。

总之，我觉得这是一个很好的开端，是刚开始建设的超加工食品真理之桥的奠基石。但我也认为我们需要更多的砖块和砂浆，才能确保真理之桥圆满竣工。

第 9 章

你为何会忘记重要的约会?

本章关键词:
记忆力, 不争气的孩子,
麦香鸡汉堡, 污点, 死亡

我们已经顺利通过了通往合理联系之路上的5个坑，现在深入探讨一下存在的争议：它们会影响营养流行病学的发展吗？为了找到答案，我用电话采访了生物统计学家贝琪·奥格本（Betsy Ogburn）。她告诉我，我的想法大错特错了。"如果你让大多数营养流行病学家指出他们研究的弱点，那么他们会把上述所有问题都列出来。"换句话说，他们都承认这些坑的存在。

但是，她接着说道："我认为，对研究人员来讲，很难接受他们的有力证据被以上因素破坏的事实，尤其是在他们为此倾注了大量心血、汗水和泪水的情况下。"

奥格本说得没错。我采访过的营养流行病学家都承认这些坑是客观存在的。所以他们会这样想：科学的道路不可能是坦途，只能祈祷自己不要碰上这样的坑。但他们会问以下两个问题：第一，车子是否已经掉进了坑里？第二，车子还能开吗？

这个场景似乎有些诡异：两位科学家站在路口处，看着前面的坑，很快就达成了一致意见——这些坑很危险，需要把车子开到对面的车道，避免掉到坑里。他们还会大声争辩有没有蹭到底盘，车子有没有损坏。

为了理解他们发生激烈争辩的原因，我们还得回到20世纪90年代末和21世纪初。2005年，一位名叫约翰·约阿尼迪斯（John Ioannidis）的希腊流行病学家发表了一篇论文《为什么大多数公开发表的研究结论都是错的》。不管你是否认同这个观点，它都在科学界引起了轰动。它间接推动了心理学、基础癌症研究领域的几个可重复实验的启动（科学家再做一遍之前做过的实验，验证实验结果是否可重复）。约阿尼迪斯后来去斯坦福大学任教，并把关注点转向了营养流行病学，他曾对一名加拿大记者说："营养流行病学应该被扔进垃圾箱。"他还对VOX新闻网的一名记者说："营养流行病学是一个行将就木的领域。在某种程度上，我们应该埋葬这具腐朽的尸体，然后轻装上阵……"

尽管营养流行病学家没有像约阿尼迪斯那样的戏剧天赋，但他们还是对他的话进行了反驳。哈佛大学营养流行病学家沃尔特·威利特（Walter Willett）回应说："你严重曲解了营养流行病学的研究方法。"不过，他的反击苍白无力。

我们在第7章讨论过约阿尼迪斯反对营养流行病学的论据之一：由于随机性的存在，你测试的假设越多，其中至少有一个具有"统计显著性"的可能性就越大。约阿尼迪斯还认为，这一点对食物和疾病来说尤其突出，因为这两个领域存在无数个待测试的假设：

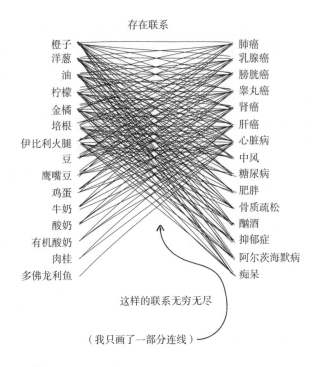

存在联系

橙子　　　　　　　　　　　　　　　　肺癌
洋葱　　　　　　　　　　　　　　　　乳腺癌
油　　　　　　　　　　　　　　　　膀胱癌
柠檬　　　　　　　　　　　　　　　　睾丸癌
金橘　　　　　　　　　　　　　　　　肾癌
培根　　　　　　　　　　　　　　　　肝癌
伊比利火腿　　　　　　　　　　　　　心脏病
豆　　　　　　　　　　　　　　　　中风
鹰嘴豆　　　　　　　　　　　　　　糖尿病
鸡蛋　　　　　　　　　　　　　　　肥胖
牛奶　　　　　　　　　　　　　　　骨质疏松
酸奶　　　　　　　　　　　　　　　酗酒
有机酸奶　　　　　　　　　　　　　抑郁症
肉桂　　　　　　　　　　　　　　　阿尔茨海默病
多佛龙利鱼　　　　　　　　　　　　痴呆

这样的联系无穷无尽

（我只画了一部分连线）

上图中的每一根线都代表着一个可能的实验。假设你选择
300种不同的食物与800种疾病，你可能需要做24万个实验。即
使其中只有5%的实验由于随机性而取得具有统计显著性的结
果，那也意味着有12 000个实验表明食物和疾病之间存在某种联
系，比如金橘和肛周脓肿之间的关联。约阿尼迪斯还认为（我也
认同），探究食品与疾病间联系的结论更有可能得到公开发表，
更有可能获得媒体关注，所以你也更有可能读到这样的新闻标
题：《吃多佛龙利鱼会使睾丸癌发病风险增加23%》。

对此，威利特及其团队反驳说："我们不会像机器人一样盲
目地检验每一种假设。我们会利用生物化学、动物实验和代谢实

验的相关知识，将待测试的假设数量缩小到最合理的范围。此外，我们近期已经从测试单一食物转向测试饮食模式（比如地中海饮食）了，这样既有效地减少了假设的数量，也可以更真实地反映人们的实际饮食方式。"

约阿尼迪斯的另一个质疑是，营养流行病学的研究结论往往基于观察性研究而非随机对照试验。在观察性研究中，研究人员不会改变受试者的行为。在理想的实验设计中，你会招募一群人，跟踪他们一段时间，直到他们中有人得了癌症、心脏病或其他你想研究的疾病，然后比较患癌（或患心脏病）群体的人数和健康群体的人数，以及哪个群体抽烟更多、锻炼更少等。

而威利特认为（我也同意），观察性研究已经取得了一些成果，其中最著名、最成功的例子就是吸烟，而反对吸烟的早期证据大多是观察性证据。当然，严格意义上说，这不属于营养流行病学的范畴，因为你不会去吃香烟。营养流行病学在观察性实验方面也有优势，威利特团队举了几个案例作为证据，比如反式脂肪。他们还说，他们并不完全依赖观察性研究，他们也进行随机对照试验。但是，正如他们所说，观察性研究的成本较低，而随机对照试验要么不符合伦理道德，要么不具有适用性。

约阿尼迪斯对观察性研究有哪些质疑呢？第一，它们只是观察性的（在公共泳池边闻来闻去，而不是对烧杯里的尿液做实验），即使它们能揭示某种食物和某种疾病之间存在合理联系，也无法证明某种食物是否真的导致了某种疾病。

第二，人们的记忆力是不可靠的。

我们来看一下发生在印第安纳州的一件怪事，它的开头平淡无奇："上周，马里昂县警长办公室的一名员工在印第安纳波利斯莫里斯街3828号的麦当劳买了一个麦香鸡汉堡。他把汉堡放进休息室的冰箱里，就去工作了。7个小时后他回到休息室，却发现他的汉堡被咬了一口！"

他立即得出结论：麦当劳的员工对他的汉堡动了手脚。于是，他返回麦当劳进行投诉。据《华盛顿邮报》称，麦当劳和马里昂县警长办公室对这起麦香鸡案件展开了全面调查。

那么，这宗案件的调查结果是什么呢？

"这名警官在休息室里咬了一口汉堡，然后把它放进了冰箱。7个小时后，他全然忘了自己之前咬过那个汉堡的事。"

你可能觉得这件事难以置信，但它确实发生了。

这个案例的意义何在？它表明你的记忆力太差了，可能连自己吃了什么都记不住。

营养流行病学的研究目标是搞清楚食物是否会导致疾病。如果营养流行病学家搞不清楚人们吃什么，也就谈不上找出食物与疾病之间的合理联系了。出于这个原因，营养流行病学的一部分注意力不得不放在人们的记忆力好坏上。

理想情况下，应该有一种简单、方便、廉价、准确的方法来判断人们对饮食的记忆力是否可靠。遗憾的是，这样的方法并不存在。事实上，记忆力评估这件事本身就很困难。记忆力从属于一个更大的命题：人们的话语有多大的可信度？假设你问某人多长时间去一次健身房，他回答说"一周三次"，你应该相信他吗？

有几种方法可以探究这个问题。由美国疾病控制与预防中心发起的美国营养与健康调查项目（NHANES）每年都会做如下的调查：

1. 选取 5 000 名美国人作为代表性样本；
2. 给他们做全面调查。

调查内容包括：病史，家庭病史，身体检查，牙齿检查，血液检查，听力测试，体育活动监测，怀孕测试，饮食问题调查等。NHANES还会询问样本人群的收入、肤色，是否吸烟、锻炼、有性生活（是否节育，是否使用避孕套，是否使用口腔保护膜等），频率是多少，以及大量其他不至于让人恼羞成怒但也有些尴尬的问题。这样的提问几乎会持续一整天，让参与者感到疲惫不堪。

NHANES项目需要参与者和工作人员共同付出艰辛的努力。仅是收集 5 000 人的相关数据就将耗费1亿多美元的资金，他们也因此得到了大量的信息。想象一下，你去看医生时，医生没有像平时那样迫不及待地把你打发走，而是耗费一整天的时间打探你的隐私，并运用各种专业设备对你进行检查和测试。

除此之外，NHANES还会完成两项简单而巧妙的任务：

1. 测量你的身高和体重。
2. 询问你的身高和体重。

这样一来，他们就可以比较你自己报告的身高与体重和你的实际身高与体重了。这个简单的方法可以测试参与者自我报告的数据是否可信，这正是两位科学家在2009年做过的事情。他们下载了3年（包含约16 800人）的NHANES研究数据，并将参与者自我报告的数据与实际测量数据进行了比较。

结果如何呢？

男性自我报告的身高比他们的实际身高平均多出0.5英寸（报告体重比实际体重平均多出1/3磅），女性报告的身高比实际身高平均多出1/4英寸（比实际体重平均少了3磅）。

在这项研究中，没有哪个群体——年轻组、年老组，富有组、贫穷组，体重偏轻组、体重超标组——会把自己的身高往低报，每个人都觉得自己比实际情况高。但涉及体重时，人们的说法就有趣多了。几乎所有男性都认为自己比实际情况重，但被美国疾控中心定义为肥胖的男性（BMI大于30）报告的平均体重比实际情况少了3磅。几乎所有女性都认为自己比实际情况轻（体重偏轻的女性除外）。

你认为哪个群体在估计他们的体重方面最不准确？结果绝对会让你惊掉下巴，答案是体重偏轻的人。具体来说，被疾控中心定义为体重偏轻的男性自我报告的体重比实际体重平均多出8磅。

说到身高和体重，少报半英寸或几磅能有多大的影响呢？从某种程度上讲，我觉得没什么大不了的。但像身高和体重这种简单的问题，误差不是应该更小吗？这不禁让人产生这样的怀疑：如果人们把像身高、体重这么简单的问题都能搞错，他们提供的饮食信息又有多大的可信度呢？

我采访过的每一位科学家（包括约阿尼迪斯和威利特在内）都认同这一点：饮食方式很复杂……比身高和体重复杂多了。你一年可能要吃几百种甚至上千种不同的食物，而且各种食物的数量差异很大。你的饮食方式会随着季节的变化而变化。你有时候在家做饭，有时候出去吃，有时候吃零食。偶尔，你还会节食或暴饮暴食。

总之，涉及饮食调查的时候，参与者自我报告的出错概率更大。

下面我们来谈谈饮食数据的采集方法。大多数情况下，饮食数据都需要通过基于记忆的方法进行采集，这样的方法有很多种。例如，许多研究使用"24小时回忆法"，调查对象要告诉信息采集人员他们在过去的24小时吃了什么。NHANES项目使用24小时回忆法，每个问题需要确认5次。也就是说，调查对象在过去24小时吃了什么，得跟研究人员讲5次。

有些研究使用"食物频率问卷法"，其中的具体问题通常包括：在过去的一年里，你平均多长时间吃一次某种食物？比如，在过去的一年里，你平均多长时间吃一份（6盎司①）薯条？

- 从来不吃。
- 每月不到1次。
- 每月1~3次。
- 每周1次。
- 每周2~4次。

①　1盎司≈28克。——编者注

- 每周 5~6 次。
- 每天一次或多次。

在我们凭记忆回答问题之前，还要注意一点：你应理解所要回答的每一个问题。

要想在"每周 5~6 次"和"每天一次或多次"之间做出准确选择，就得涉及分量衡量的问题：只有在计量方式相同的情况下，才能衡量食物的分量是否相同。换句话说，食物的计量方式通常不同。事实上，麦当劳售卖的几种薯条中，没有一种的分量是 6 盎司（大份约为 5.3 盎司）。

而且，调查员所说的薯条是麦当劳的、高档餐厅的，还是调查对象自己在家做的？此外，大家对"平均"这个词的理解也有可能不同。研究人员通常会这样解释："请试着算出你全年所吃食物的季节性平均消费量。比如，像哈密瓜这种食物在应季的三个月每周吃 4 次，那么全年的季节性平均消费量就是每周一次。"

为了帮你弄清楚这个说法，下面我们快速计算一下：

$$4 次/周 \times 4.33 周/月 \times 3 个月 = 52 次$$

$$夏季吃 52 次/全年 52 周 = 每周 1 次（平均消费量）$$

有时，食物的分类方式似乎毫无意义。如果仅从字面理解，有些问题会得到完全错误的答案。比如，在过去的一年里，你平均多长时间吃两块比萨饼？你这辈子可能从来没有每次只吃两块比萨饼的情况。

流行病学家凯瑟琳·弗莱戈表示，归根结底在于"这些问题很难回答，它们简直就是对人们认知能力的巨大挑战，他们在日常生活中不会那样考虑问题"。

这里还涉及记忆力好坏的问题。弗莱戈继续说道："人们很清楚他们从来不吃哪些食物，这没有任何问题。'我讨厌羽衣甘蓝，我从来不吃它'，答题顺利完成。他们也熟悉自己每天都会吃的食物，'我每天早晨都吃这个'。但对于两者之间的东西，也就是大部分食物，他们就不是十分清楚了。"

最后也很重要的一点是，有些人会谎报他们的饮食情况。但大量的营养流行病学研究都是基于类似的饮食调查，他们的反驳概括起来主要基于三点：

1. 基于记忆的研究方法本就不会十全十美。
2. 这些方法不需要完美，只需要够好就可以了。
3. 有关饮食数据的误差"没有造成实质性差别"。

你不必纠结最后一点是什么意思，你只需要知道结论：基于记忆的数据采集方法往往会低估相对风险。还记得那个发现超加工食品和死亡概率增加14%之间存在联系的研究吗？如果我们认为这项研究唯一的错误是饮食数据采集错误，那么真正的死亡概率可能高于14%。具体高出多少取决于数据采集误差的严重性及研究人员对此进行调整的程度。

那么，如何理解这一切呢？

凭直觉判断，基于记忆的测试方法似乎不太周密，但它们的支持者认为只要能够发现食物和疾病之间的联系就够了。他们还说，他们别无选择，只能采用这种方法。他们说得对，目前还没有其他方法既能测试人们几十年以来的饮食状况，又无须耗费巨资。不过，对这种方法的批评也有理有据：如果一种方法不够好，你就不应该使用它，即使你别无选择。

在营养流行病学领域，最大的争议在于，这些问卷调查的可信度有多高？威利特及其团队说："在考虑了包括观察性研究、动物实验和随机对照试验在内的所有现存证据之后，我们可以合理地推导出这样的结论：培根会让人患上癌症。"约阿尼迪斯及其团队则认为问卷调查其实一文不值。

约阿尼迪斯针对营养流行病学的第三个质疑听起来有点儿老生常谈：大多数营养变量之间都有着密不可分的关系。

也就是说，如果你每天吃一个苹果，你就不太可能喝索尼克奶昔。如果你一年挣8万美元，你就更有可能在高温瑜伽课的间隙吃鳄梨吐司，喝豆奶拿铁。如果你经常健身，你就可能会吃更多的鸡肉，而不是T骨牛排。约阿尼迪斯的想法其实是，与营养和生活方式相关的变量（食物摄入量、运动量、收入、是否吸烟、寿命等）之间的联系比其与其他科学变量之间的联系更紧密。比如，吃苹果和吃胡萝卜密切相关。如果有人采取健康的生活方式，他就可能既吃苹果又吃胡萝卜。约阿尼迪斯认为，很多变量之间的密切联系使得营养流行病学的研究变得毫无意义。

为什么呢？

在约阿尼迪斯看来，找到一个具有统计显著性的联系就好比发现一个大明星在推特上关注了你：一开始你很吃惊，但当你发现这个大明星几乎关注了所有人时，这件事就变得毫无意义了。

我们来做一个思维实验：假设你做了一项观察性研究，发现每天吃一个苹果可以使死亡概率降低22%。

苹果 ●————————● 死亡概率降低22%

如果你继续思考，就会发现每天吃一个苹果也与吃水果蛋糕、胡萝卜、喝姜茶、做运动有关。因为吃苹果与死亡概率降低之间存在联系，所有这些变量也通过苹果间接与死亡概率降低产生了联系。现在，我们的图示变得复杂了一些：

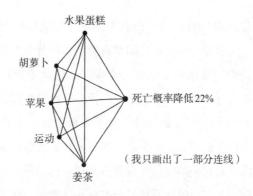

（我只画出了一部分连线）

下面还有一幅关于19种常见营养成分的关联性测试的"球状图"，里面涉及了很多内容，比如摄入了多少脂肪、蛋白质、碳水化合物、纤维、酒精和蔬菜，以及关于维生素、矿物质和胆固醇水平的血液测试结果等。

可见各种营养成分互相关联，于是问题就变成了：哪个变量驱动了结果（癌症、心脏病、死亡或其他结果）的发生，而哪

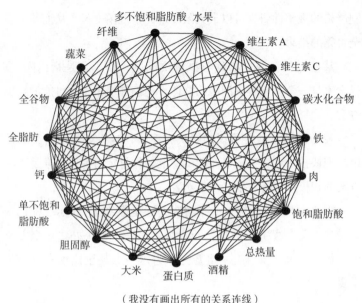

（我没有画出所有的关系连线）

些变量只是搭便车？具体来说，有些变量可能会把油门踩到底，有些变量可能只是轻触油门，有些变量可能在轻踩刹车，其他变量则可能坐在后面，什么都不干。

这是威利特和约阿尼迪斯之间的另一个主要分歧。威利特告诉我们，他们用来调整所有变量的数学方法很可靠，再加上研究人员的熟练运用，足以得出可靠的分析结果。约阿尼迪斯则会说，在涉及像吸烟这样的大概率风险时，这种方法可能没有任何问题，但对于概率较小的风险就不一定了，比如与超加工食品有关的死亡概率只增加了14%。不得不说，我更倾向于认同约阿尼迪斯的观点。

约阿尼迪斯的看法是，如果不进行随机对照试验，就不可能弄清楚哪些变量真正起到了驱动作用。而威利特的观点是，控制严格的观察性研究可以最大限度地调整混淆变量，从而给出安全可靠的结果。

某些时候，我们必须尝试解决问题，而不只是指出问题。科学家是一个善于解决问题的群体，他们提出了很多可能的解决方案。

较为极端且备受争议的解决方案是，减少观察性研究的数量，把钱投入到大型随机对照试验上。你肯定猜得出来谁是这一方案的积极捍卫者，谁又是反对者。

篡改 p 值的问题呢？一个解决办法是像凯文·霍尔一样，做好预先登记，尤其是数据分析计划。另一个解决办法是全方位展示研究过程。布莱恩·诺赛克认为这一点甚至比预先登记还重要：

> 我希望研究者都能展示他们取得科研成果的全过程，这与采取什么方法无关。你分析数据时采用的方法完全不重要，你只需要全程展示你的研究，从最初的想法开始，直到得出最后的结论。

披露科学研究的所有细节就意味着公开原始数据（匿名数据）和分析数据所用的代码系统。对一些研究人员来说，这种想法不可理喻，但另一些人却能欣然接受。例如，你想下载或重新分析凯文·霍尔关于超加工食品研究的原始数据，是完全可以做到的。如果沃尔特·威利特想寻找这项研究的漏洞，他也可以下载霍尔超加工食品研究的原始数据。无论你想堵住漏洞还是找到漏洞，都可以这样做。这样的事情正在发生，我完全赞成研究数据的充分开放与全面共享。

篡改p值问题的另一个解决方案是建立"标准曲线"。要想了解它的运作机制，让我们先来看巧克力曲奇的制作方法。即使有固定的配料表，你仍然可以灵活组合不同的配料，制作出不同口味的曲奇。你可以严格按照配方做，也可以对很多因素做出微调。比如，你可以把烤箱温度调高15摄氏度，加黄油之前先让它在室温下软化，把面团先冷藏20分钟再放进烤箱，等等。总之，随意发挥的可能性无限大。研究亦如此，即使面对相同的数据（配料），也可以采取多种方法进行分析，从而产生截然不同的结论（曲奇）。这正是篡改p值行为屡禁不止的原因之一。

大多数时候，研究人员都会选择他们认为最好的数据分析方法，但每个人对"最佳方法"的评判标准不同。标准曲线的作用是它可以让你尝试制作曲奇的所有方法。因此，你制作的不是一批饼干，而是几百批，系统会自动调整每一个可能存在的变量，看它会如何影响曲奇的味道。科学研究也是这样：你运行一台电脑，让其以各种可能的方式处理数据，看看这些方式会对结果产生什么影响。如果最终结果大致相同，就可以确定你的研究是有价值的，否则你的研究就没有什么意义。

还有一些解决方案几乎与科学无关，而是与常识紧密相关。

如果你对威利特与约阿尼迪斯间分歧的反应是：两个聪明人怎么可能产生如此大的分歧，还是在和数学相关的问题上，你并不是少数。这一场纷争无关道德、情感或政治，它是一场有关数据和哲学的争辩，关乎真理的本质。因此，我希望其中一方能在数据分析方面与另一方达成一致。

显然，我的想法太过天真。

有一位流行病学家精辟地总结了两方纷争的根深蒂固："我认识沃尔特35年了，我们的意见分歧也持续了35年。"

尽管约阿尼迪斯和威利特有很多观点针锋相对，但他们都认为营养和生活方式会影响我们的健康，是值得研究的。而这样的共性有可能促成两大阵营的对抗性协作（持不同意见或观点的人在一起工作）。

对抗性协作实现起来并不容易，因为学术宿怨有可能根深蒂固，也有可能快速升级，双方需要做出很大的让步才能真正地走到一起。但这样的和解不无可能，我电话采访约阿尼迪斯和威利特时，曾问过他们是否愿意与对方合作。两个人的回复竟然都是"愿意"，只是措辞不同。我衷心希望他们能找到合作的方向，这对所有人来说都将受益匪浅。

如本章所说，科学家可能会计算错误、造假数据、篡改p值，毫无疑问，这些都是科学家身上的污点，对科学有害。但你知道，看得见的污点总比看不见的好。还有哪个领域的从业者能够如此公开地争论自身的缺陷？也就是说，营养流行病学进行"自我清算"的唯一原因是科学家愿意如此。

并非所有人都认为营养流行病学领域面临危机。它的支持者对约阿尼迪斯做出了反击，并准备继续战斗；其他科学家则会权衡双方的立场，最终做出选择。一旦这场战争尘埃落定，就会产生赢家和输家。其中一个阵营将继续在《科学与自然》杂志上发表文章，并以"科学战争终结者"的身份自居；另一个阵营则会慢慢淡出人们的视线。这是一场真正的战争，它就发生在公众面前，你随时都可以加入这个嘈杂的战场。我对科学始终抱有信心，并不是因为科学是完美的，而是因为你总是可以找到它的瑕疵，然后自己做出判断。

下面，我们就来探讨一下你是如何通过新闻了解科学的。

互联网新闻的作者大致有两种：第一，那些十分确定能让你从头到脚变得更健康的人；第二，那些试图通过第一个群体赚钱的人。

阅读有关食品和健康的新闻就像站在泰坦尼克号的船头，你低头一看，突然看到海面上漂浮着一块冰。它是向下延伸几百英尺、可能致命的冰山，还是一块普通的冰？现在想象一下，你的前方漂浮着几百甚至几千块冰，有26个人围在你身边，冲你大喊，让你调转方向避开他们所说的那块冰，因为他们觉得它肯定是冰山！有时候，这26个冲你大喊的人是与你素不相识的博主，旨在向你推销保健品；有时候，他们是刻意夸大实验结果的记者，旨在获取更高的新闻点击量；有时候，他们是虚张声势的科研机构，旨在通过故弄玄虚获得关注；有时候，他们是为了获得终身职位、更高知名度或只是对自己的研究结果过度自信的科学家。当然，有时候真的会有冰山出现，比如吸烟就是一座致命的冰山。

对此，医生和科学家也无法置身事外。2001年，美国国家癌症研究所前所长理查德·克劳斯纳（Richard Klausner）发现自己就站在了这样一艘船的船头。他告诉《纽约客》杂志的杰罗姆·格鲁普曼（Jerome Groopman）："我一直关注着癌症的相关研究进展。有一次我听到新闻说'癌症研究取得重大突破'，我想了一下最近好像没有什么重大进展啊？当然，后来我也再没有听人说起过这件事。"

关于食物和健康的大多数新闻最终都会销声匿迹。如果你在网上看到一些关于食物和健康的信息，看看就好，不要因此改变你的生活。

为什么呢？即使我们假定这篇新闻报道是全面客观的，一篇报刊文章也未必能证明一条真理。毕竟，证据的积累需要很多年才能完成，达成共识则需要更长时间。简言之，一块砖与一座真理之桥永远无法相提并论。

但你可能会反驳说，这难道不是我们应该关注新闻的原因吗？我认为并非如此，因为你了解新闻的方式与科学家解释科学的方式完全不同。科学家不断阅读各自研究领域的文献，他们从研究生阶段开始就这样做了。所以，他们了解所有的关键人物，以及各种研究方法的缺陷。但像你我这样的普通人则没有这样的科学素养。一方面，我们很少看发表在专业期刊上的论文，我们读到的科技信息通常只经过了新闻从业者或记者的加工。另一方面，我们不会一直追踪某个话题。

这让我想到了下面这幅图：

你的落点在哪里？中间偏左一点儿？偏右？无论你觉得营养流行病学是蜜糖还是砒霜，我都尊重你的看法。

第 10 章

给所有人的 4 条建议

本章关键词：
轻松生活，享受人生

如果你是一位美国女性，今天正好过33岁生日，那么恭喜你，你在未来一年的死亡概率大约为0.088 4%。如果你是一位33岁的美国男性，那么你在未来一年的死亡概率为0.175%。我是如何知道这些信息的呢？只要数据来源可靠，这样的计算易如反掌。

　　2017年，美国有2 813 503人死亡；2016年，该数据为2 744 248人；2015年，该数据为2 712 630人。美国疾控中心会对死亡人口进行分类、统计，并由政府部门的科学家花费数年时间分析得出大量数据。只需要少量的统计数据和浅显的微积分知识，你就可以大致估算出美国男性和女性的平均死亡概率。美国疾控中心每年都会以"生命统计表"的形式发布预期的死亡概率，其主要内容由两列数字组成：

年龄　　相应的死亡概率（男女平均值）

年龄	死亡概率	年龄	死亡概率	年龄	死亡概率	年龄	死亡概率
0~1	0.589 4%	25~26	0.100 4%	50~51	0.409 8%	75~76	2.961 4%
1~2	0.040 3%	26~27	0.102 8%	51~52	0.448 1%	76~77	3.250 7%
2~3	0.025 2%	27~28	0.105 6%	52~53	0.488 5%	77~78	3.578 6%
3~4	0.019 3%	28~29	0.109 4%	53~54	0.531 9%	78~79	3.961 6%
4~5	0.014 5%	29~30	0.113 8%	54~55	0.578 1%	79~80	4.401 7%
5~6	0.014 3%	30~31	0.118 5%	55~56	0.627 1%	80~81	4.889 9%
6~7	0.012 8%	31~32	0.123 2%	56~57	0.677 5%	81~82	5.428 3%
7~8	0.011 6%	32~33	0.127 7%	57~58	0.729 1%	82~83	6.036 7%
8~9	0.010 4%	33~34	0.131 8%	58~59	0.782 4%	83~84	6.695 4%
9~10	0.009 5%	34~35	0.135 9%	59~60	0.838 3%	84~85	7.453 3%
10~11	0.009 1%	35~36	0.140 8%	60~61	0.899 1%	85~86	8.269 5%
11~12	0.009 8%	36~37	0.146 8%	61~62	0.965 2%	86~87	9.257 5%
12~13	0.012 5%	37~38	0.153 5%	62~63	1.035 3%	87~88	10.342 7%
13~14	0.017 4%	38~39	0.160 8%	63~64	1.108 1%	88~89	11.529 6%
14~15	0.024 1%	39~40	0.169 0%	64~65	1.183 8%	89~90	12.821 6%
15~16	0.031 4%	40~41	0.179 0%	65~66	1.263 4%	90~91	14.221 1%
16~17	0.038 8%	41~42	0.190 9%	66~67	1.351 0%	91~92	15.728 7%
17~18	0.047 3%	42~43	0.204 3%	67~68	1.450 4%	92~93	17.343 3%
18~19	0.056 6%	43~44	0.219 1%	68~69	1.566 4%	93~94	19.061 6%
19~20	0.066 0%	44~45	0.236 0%	69~70	1.705 9%	94~95	20.878 1%
20~21	0.075 7%	45~46	0.254 1%	70~71	1.876 6%	95~96	22.784 9%
21~22	0.084 6%	46~47	0.275 2%	71~72	2.068 9%	96~97	24.771 5%
22~23	0.091 4%	47~48	0.301 8%	72~73	2.270 9%	97~98	26.825 5%
23~24	0.095 8%	48~49	0.334 6%	73~74	2.479 5%	98~99	28.932 2%
24~25	0.098 4%	49~50	0.371 7%	74~75	2.707 8%	99~100	31.075 3%

100及以上 100.000 0%

生命统计表的核心内容是死亡风险，但我们其实可以通过这些毫不起眼的数字了解到很多信息。只要你看看上面的统计表，就可以立即判定自己是乐观主义者还是悲观主义者。你从表中读到了什么信息？是你（一名美国女性）在33岁时的死亡概率是0.088 4%（很小但不完全为零），还是存活概率是99.911 6%（这在很大程度上可保证你安然无恙地活到34岁）？

你可能也注意到了另一个信息：从二三十岁开始，死亡风险大约每年增加8%。也就是说，把去年的死亡风险乘以1.08，就是今年的死亡风险。这个增长幅度似乎并不大，但回顾一下1986年的储蓄情况，你会发现当时的存款利率也是8%。如果某家银行在1986年推出了利率为8%的50年期存款业务，你存入了1万美元，存款到期后你能拿回多少钱？你可能会这样计算：1万美元乘以8%再乘以50等于4万美元。你错了，50年后，你实际拿到的金额会超过50万美元。这就是复利的力量，也被称为时间的力量。真正让你吃惊的可能不是50年里你赚了多少钱，而是你赚钱的方式。

如果把这个案例中的"赚钱"替换成"死亡"，你会得到一个类似的结论：离死亡年龄越近，死亡概率越高。在赚钱方面，这样的法则对你有利；而在生死面前，这样的法则对你不利。事实上，这两种情况背后的数学原理是一样的，即"指数增长"。人口学家阿里森·范·拉尔特（Alyson van Raalte）用非常乐观的语气道出了这个令人沮丧的消息："大多数人都没有意识到死亡概率随着年龄增长的速度有多快。"

我以前完全没有意识到这一点。在生命统计表上，85岁的老人的死亡概率是10岁孩童的912倍。

不过，生命统计表的惊人之处在于，任何年龄的死亡风险都很低，至少比你想象得低。比如，一位男性在40岁时死亡的概率只有0.224%，一位50岁美国女性的死亡概率只有0.320%。鉴于人们面对的大量风险因素，这些概率似乎有点儿低。

这里有一个问题：你认为美国人在多大年龄的死亡风险会达到10%？60岁，70岁，还是80岁？都不对，正确答案是87岁。

还记得前文中说过的85岁老人吗？他的死亡概率是10岁孩童的912倍。即使如此高龄，他的死亡风险也只有8.27%。美国疾控中心的生命统计表只提供了100岁以下人群的死亡概率，其中100岁人群的死亡概率为34.5%。换言之，如果你活到100岁，那么你有大约2/3的概率活到101岁。

但如果你看的不是每一年的死亡概率，而是每十年的死亡概率，情况就没有那么乐观了。我们仍以一位40岁的美国男性为例。他40岁时的死亡概率只有0.224%，但他在未来10年内死亡的概率是3.2%。50岁时，他的死亡概率上升至7.4%；60岁时，他的死亡概率上升至15%；70岁时，他的死亡概率为31%；75岁时，他的死亡概率为45%。所以，对于一个75岁的人，你完全可以通过抛硬币来判断他能否活到85岁。

有些人看到这组数据会觉得很沮丧，有些人则会觉得很惊讶。但我列出这些数据的真正目的是用它们来做除法运算……

美国疾控中心发布的生命统计表中有一点格外引人注目：男性和女性的死亡概率最低的年龄恰好相同，均为10岁。10岁的美国孩童在未来一年内的死亡概率是0.009 1%，存活概率是99.990 9%。因为10岁孩童的死亡概率极低，拿它去除任何数字都会得到十分巨大的商数。比如，用20岁的死亡概率除以10岁的死亡概率，商数为8，也就是说，20岁青年的死亡概率是10岁孩童的8倍。在这里，乐观和悲观之间的界限变得非常模糊：20岁青年的死亡概率确实很低，但它确实远高于10岁孩童的死亡概率。

像复利或死亡风险这样的指数函数计算向来十分复杂，这一点众所周知。其实，仅凭直觉，我们就能做出判断：一个10岁孩童死亡的消息肯定令人震惊（从数学计算和情感角度来说），而99岁老者的逝去尽管令人悲伤，却不使人感到意外。但这种直觉式判断无法与数学角度的认知相提并论。就百分比而言，10岁孩童的最小死亡概率与99岁老人的最高死亡概率之间的差异比我们想的大得多，超过340 000 %。

这就引出了一个问题：吃多少超加工食品会致人死亡？

为了回答这个问题，让我们回顾一下那项超加工食品死亡风险研究。研究人员发现，参与者饮食中的超加工食品的数量每增加10%，他们的死亡概率就会增加14%。法国的营养与健康研究也得出了相同的结论，他们还认为超加工食品与癌症之间也存在联系。对于这个数据，你可能会给出一系列理由表示质疑，但是，让我们暂且相信它是真的。假设食用超加工食品确实会导致参与者的死亡概率增加14%，也就是说，让我们假定这种联系合理存在且为因果关系。

听起来很可怕，对吗？如果由我来起新闻标题，我可能会使出浑身解数（和编造能力）写出这样的文字：

研究表明：上帝讨厌人们吃奇多，
惩罚就是缩短他们14%的寿命

如果把死亡概率增加14%转变为寿命减少14%，听起来就会十分让人害怕！美国人均寿命的14%大约是11年，那可是要少活很多年啊！但事实证明，增加死亡概率和缩短预期寿命在数学上是完全不同的概念。想知道为什么吗？下面我们来粗略计算一下。假设我明年的死亡概率是0.18%，让它增加14%，新的死亡概率就是0.18 % × 1.14 = 0.21%。如果我们换个角度，计算存活概率，并把这些数据绘制成图，就可以得到：

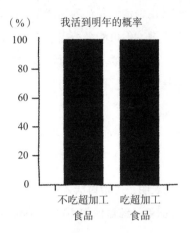

你从中看不出任何区别（只有把图表放大，才能看出两者之间的细微差别）。即使我悲壮地下定决心在未来10年里多吃10%的超加工食品，以此比较我在50~60岁这10年的存活概率，结果还是一样：

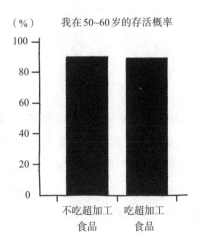

如果研究者想将14%的死亡概率增长转化为预期寿命的变化，那么他们可以使用"回归分析"和"加速寿命时间模型"等复杂的数学计算方法。但他们没有这么做，因为原始数据未公开，所以也做不到。事实上，你可以用一个简单的数学方程近似地表示预期寿命变化：

$$预期寿命变化 \approx -10 \times \ln（相对风险）$$

"ln"代表自然对数，大多数计算器上都有这个函数符号。所以，在这个例子中，如果我们确信吃超加工食品会使死亡概率增加14%，那么预期寿命变化大概是：

$$-10 \times \ln（100\% + 14\%）= -10 \times \ln（114\%）$$
$$= -10 \times \ln（1.14）$$
$$= 大约少活1.3年$$

什么？如此大的死亡概率变化（增加了14%）只产生了如此小的影响（美国人均寿命的2%）？罪魁祸首是我们的老朋友——死亡概率的指数计算，尤其是在10~70岁，每一年的死亡概率都很低。

因此，从死亡风险的角度看，由于食用超加工食品而使死亡概率增加14%（假设它是合理的联系）实在微不足道。这个数值看上去很大，因为在我们的习惯性认知中，百分比的最大值就是100%。但对于我们经常面对的相对死亡风险，14%是一个很小的数值。相较之下，一项针对35 000名英国医生的研究发现，重度吸烟者的死亡概率是不吸烟者的234%。这才是一个触目惊心的数字，把它转化成预期寿命减少量就更可怕了：大约10年。

除了吸烟，我们还面临其他风险因素。

男性本身就是一个风险因素，生活在发达国家的男性在任何年龄段的死亡概率都高于女性。最严重的时候，男性的死亡概率是女性的285%。（这一概率出现在22岁，人口统计学家称其为"事故驼峰"。）收入是又一个风险因素。对40~76岁的美国人而言，收入最高的1%的群体比收入最低的1%的群体可以多存活10~15年。居住地也算一个风险因素。纽约市最穷的居民平均比印第安纳州加里市最穷的居民多存活4年。如你所料，种族因素也很重要，比如，1岁以下的黑人婴儿的死亡率是白人婴儿的231%。

你无法改变年龄或种族，你也很难改变收入或居住地，但少吃超加工食品很容易做到，多吃"超级食品"或采取地中海饮食方法也不难。我认为，这就是调整饮食方式的魅力所在：人们实施起来很容易。

我在写本书最后几章时，正好读到了沃尔特·威利特团队最近发表的一篇论文，他们研究了5种健康行为和死亡之间的联系，就像把5项经典的营养流行病学研究结合在一起。这篇论文的可贵之处在于，威利特团队没有列举听起来让人毛骨悚然的说法，比如"死亡风险增加27%"，而是把这些风险用浅显易懂的形式表达出来，比如寿命增加或减少的时间。同时，他们还运用数学方法分析了这5种健康行为。

所以，我非常好奇，如果你完全相信这篇论文的结论，营养流行病学会给你提供什么样的建议。

威利特团队研究了些什么？本质上，他们用传统方式（相对风险）计算了一系列死亡风险，并评估了这些风险对50岁人群的剩余预期寿命的影响。比如，他们计算出深度吸烟者（每天抽25支或更多香烟的人）的死亡概率大约是不吸烟者的287%。他们计算了同为50岁的两个人群的预期寿命会减少多少：一个人群每天抽2.5包烟，而另一个群体从不吸烟。计算结果为：如果你是男性，吸烟者会比不吸烟者少活12年；如果你是女性，这个数字是9年。

根据人们选择的生活方式，威利特团队先用数学方法将参与者分成几组，再修正混淆变量，然后比较各组的预期寿命。

他们在体育运动方面发现了什么？

每周"做中等强度或剧烈的运动"3.5小时或以上的群体会比完全不做运动的群体多活8年左右。即使每周运动0.1~0.9小时，也能使预期寿命延长5年。

肥胖方面呢？

相较身体质量指数为23~25的人，2级或3级肥胖人群（身体质量指数超过35）的预期寿命会减少4~6年。对于身体质量指数为25~30的人，他们的预期寿命只比身体质量指数为23~25的人短1年。

喝酒呢？

完全不喝酒的人群和每天喝30克酒的人群的预期寿命大致相同，但他们的预期寿命会比每天喝5~15克酒的人群少2年左右。

最后是饮食方面。

吃最健康食物的群体比吃最不健康食物的群体可以多存活4~5年。这可能会引出一系列问题，不过我想先指出几个关键点。

首先，务必记住所有数据都来源于观察性研究（未进行随机对照试验）。所以，预期寿命的计算均以一个假设为前提，即预期寿命的变化与生活方式的选择之间不仅存在合理联系，而且存在因果关系。

其次，根据这项分析，预期寿命的增加可以用"剧烈"来形容。如果你把每一种生活方式的最差组与最佳组做比较，两者之间的预期寿命差异约为20年。别忘了，他们都是50岁的人了，所以这大致是活到94岁和74岁的区别吧。

看到这些数据的时候，我的第一反应是：这太离谱了！但随后我又陷入了沉思……

20年的预期寿命差异是将两个极端人群做比较的结果，具体来说，就是把从不吸烟、饮酒适度、经常运动、吃"最健康"的食物、体重正常的人与肥胖、过度吸烟、吃"最糟糕"的食物、酗酒、每周运动时间少于6分钟的人做比较。

我的第二反应是，如果是这样，20年的预期寿命差异实际上并不夸张。

在分析比较对象的过程中，我们又发现了另一个重要的问题：真正属于绝对最差或绝对最佳健康群体的人并不多。威利特团队根据美国疾控中心的数据做出估计，只有0.14%的美国人属于最差健康组，只有0.29%的人属于最佳健康组，而大多数人都处于中间状态。你可以从两个角度来看待这个重要的事实。乐观主义者可能会想，有99.86%的美国人是有机会去改善他们的生活方式的！而悲观主义者可能会想，只有0.29%的美国人最大限度地优化了他们的生活方式。

一旦你开始考虑采取什么行动去达到延年益寿的目的，情况就变得悲观起来。比如，如果你想在50岁时增加3年的预期寿命，你应该：

- 减掉5个体重指数单位（降幅很大）；
- 由每天吸烟20支减至10支；
- 每周的运动时间由2小时增至4小时。

需要说明的是，你必须同时完成以上几件事情，而不是只完成其中之一。

这是一项非常艰巨的任务！

如果你能改变看问题的角度，着眼于整体而不是个体，情况就会变得乐观一些。比如，假设你把每周2小时的运动时间增加到4小时，你就能多活一年。假如10%的美国人都能把运动时间增加一倍，他们就会看到更多的孙辈过生日。另外，这样做可能还有一个好处：减少医疗保健系统承担的巨大压力。当然，这些假设的前提是这个联系的合理性及两者之间存在因果关系。

综合以上种种因素，我会给大家什么样的建议呢？

我一共有4条建议（适用于健康状况良好的人）。

建议 1

不要过度焦虑。大部分关于食品和健康的新闻报道都无须太在意，但有关安全召回、污染通知的新闻除外。健康版块的新闻报道主要不是为了给读者提供关于健康的具体信息，而是为了打广告、卖烹饪类书籍等。它们只是提供了一些最新信息，绝对不是最终结论。

建议 2

请勿吸烟。如果你以前吸烟，请尽快戒掉。

电子烟呢？有证据表明电子烟有助于吸烟者戒烟，它可能和尼古丁替代疗法起到一样的效果。但如果你还没有吸烟的习惯，就绝对不要尝试电子烟，因为电子烟和香烟一样含有某些致癌物，而且电子烟有可能导致你养成吸烟的坏习惯。

建议 3

积极参与体育锻炼。体育锻炼能延年益寿，还是仅仅与延年益寿存在联系，这个问题的答案不像吸烟那样明确。但体育锻炼会让人感觉良好，而且基本上没有风险，你不妨试一试。

建议 4

这条建议和食物有关。为什么我把它列在最后呢？威利特的研究报告指出，饮食方式最健康的人（50岁时）比饮食方式最不健康的人预期寿命长4~5年。但是，什么是"最健康的饮食方式"呢？它应该含有大量的水果、蔬菜、坚果、全谷物、多不饱和脂肪酸和长链 ω–3 脂肪酸，但加工肉类、红肉、含糖饮料、反式脂肪和盐则不包含或含量很少。

你有没有注意到这份清单的特别之处？

第一，这份清单较长。（相比之下，"请勿吸烟"或"积极参与体育锻炼"之类的建议就更加短小精悍。）为什么要注意这一点呢？如果这么多种食材放在一起大约可以增加大约4.5年的预期寿命，那么每一种只能增加5个月左右（假设这些食材增加的预期寿命相等）。

第二，这份清单实际上远比11种食材要多。事实上，它涵盖了4种物质（盐、反式脂肪、多不饱和脂肪酸和ω–3脂肪酸）和7类食物（水果、蔬菜、坚果、全谷物、加工肉类、红肉和含糖饮料）。我们知道，每类食物都会涵盖几十种或几百种食物。我认为，虽然"健康饮食"听上去是个很大的命题，但它实际上是数百件琐碎小事的大杂烩。也就是说，任何一种食物（如蓝莓或深度烘焙咖啡）对人类预期寿命的贡献可能都是微不足道的。

所以，大家大可不必在以下问题上纠结：哪种鱼富含多不饱和脂肪酸？青涩的鳄梨是不是比成熟的鳄梨含有更多的ω–3脂肪酸？哪种咖啡含有更多抗氧化剂，是深焙咖啡还是浅焙咖啡？健康杂志上的文章内容是对还是错？大家也无须纠结该选择哪种饮食方式，只要你选择的饮食方式是来自专业医生的建议，即使少吃或多吃一两种食物，也对你的预期寿命几乎没什么影响。

当然，饮食方式的选择不仅关乎寿命长短。有时候，它也关乎千禧一代所说的"做最好的自己"，还关乎年长群体所说的"感觉更好"。你可能有过严格遵循某种饮食方式节食的经历，并因此感觉更好或更健康。但问题是，你没有办法确定你的美好感觉是源自你遵循的某种饮食方式，还是因为你调整了饮食方式。

节食期间，你可能会有意识地加强体育锻炼、减少宿醉、增加睡眠时间等，所有这些改变都会让你感觉更好。

那么，有没有必要禁食超加工食品呢？我们是否能够像吸烟一样，在超加工食品和死亡之间架起一座坚实的真理之桥？不太可能。但话又说回来，如果你看过本书前面章节中提供的证据，而且你的反应是：还是谨慎为好，以免事后追悔莫及，那你就与很多人英雄所见略同了。毕竟，不吃奇多或其他超加工食品是没有任何风险的。既然如此，为什么不把它们从饮食清单中干净利落地剔除呢？

美式软奶酪，个人责任，波兰熏肠

我们希望食物像《哈利·波特》里的人物那样单纯。比如，我们都知道邓布利多是个无可挑剔的好人，而伏地魔是个无可救药的恶棍。但实际上，食物更像法国文艺片《为时已晚》里的人物：每个人都有缺点，你甚至不知道他们为什么会这样。

总的来说，我更倾向于赞同约翰·约阿尼迪斯的观点，而不是沃尔特·威利特的观点。前瞻性队列研究的确存在一些优势，它们提供的长期数据来自正常生活的普通人，而不是限定饮食的受试者。随机对照试验可能产生潜在的有趣联系，比如吸烟，你可以由此确定它和肺癌之间存在因果关系。但根据我做的大量调研，这两类研究很难给出像14%这样具体的死亡风险变化。而且我认为，对于每一个人（无论是科学家、新闻工作者还是普通人），一旦看到两件事之间的联系，就很容易假定两者之间存在因果关系。不过，就算我相信传统营养流行病学的正确性，并认为死亡风险增加14%是合理的，最后的影响也不大——少活一年而已。

在本书的开头我说过，这段调研之旅完全改变了我对食物和所谓"消费品"的看法。不仅如此，它还让我发现了更好地看待科学的全新角度，其中最重要也可能最明显的收获是，对于吃的、喝的、吸的、涂的东西，探索它们背后的真相往往比人们想的更困难。这个世界往往不会像有机化学入门课那样，由简单纯净的反应物生成简单纯净的生成物；它更像高级有机化学，发生的反应往往具有"天崩地裂"的效果。即使你设法触摸到真相，这个真相有时候也很复杂。如果事实证明超加工食品确实会使人的死亡风险增加14%，新的问题就会随之而来：所有的超加工食品都有害吗？到底是什么因素让它们变成了坏食物？能不能通过改良，除掉它们作为坏食物的恶名，甚至让它们变成好食物？

科学的进展缓慢且不规律。在本书中，我一直把科学看作一个独立的事物，不受资本和权力的影响。当然，科学无法存在于真空中。只要你留意一下食品行业对过去15年里的诸多食品运动的反应，你可能就会注意到他们的观点与我的看法存在惊人的相似之处。

比如，"合理饮食，不要过度焦虑"的另一种说法是："作为食品公司我们不应该因为所售食品的种类而受到监管，从个人层面讲，消费者选择购买某种物品和食品时心里都有一杆秤。"同样，你也可以把"多做体育运动"诠释成另一种含蓄的说法："为了弥补吃这些糟糕的超加工食品带来的罪恶感，消费者应该付出更多的努力，而不是食品公司。"

但对一个行业来讲，先制造一种让消费者上瘾的产品，然后转身告诉消费者，抵制上瘾是消费者的责任，这是极其虚伪的行为。看到这里，你可能还在纠结超加工食品是否会让人上瘾的问题。但在我看来，它们绝对容易上瘾。我们大多数人心中可能都会对一种食品又爱又恨：一边觉得它很好吃，一边又充满了罪恶感。

　　然而，即使我们证实超加工食品既容易上瘾又对人体有害，它们也很有可能继续出现在超市的货架上。毕竟香烟还没有淡出大家的视线，而我们都知道香烟会让人上瘾，也会使肺癌发病风险增加11倍或更多。即使超加工食品是导致肥胖问题流行的唯一因素，你觉得有关部门会颁布专门的法案禁止所有超加工食品吗？

　　有人提出了一个可能的应对方案，即对超加工食品征税。但我们不太可能对所有超加工食品征税，因为它们大多价格低廉。你还记得凯文·霍尔的随机对照试验吗？根据这项研究，霍尔估计热量为2 000卡路里的超加工食品的成本大约为15美元，而同等热量的低加工食品的成本为22美元。由此推算，每人每年食用这两类食品的成本差距为2 500美元。如果你家里有4口人，这就是每年10 000美元的差距。

　　我们还是谈谈你吧。

　　如果你仍然和本书开头那些忧心忡忡的消费者持相同观点，如果你还对食物、毒性和化学成分存在深深的担忧，如果你为了安全起见，宁愿遵从那些经过营养流行病学认证的"健康"饮食方式，这表明我还是没有改变你对这门科学的看法。但是，即使你完全相信通往合理因果关系之路的坑洼无关紧要，改变饮食方式也不会让你的预期寿命增加太多。

这样做值得吗？答案取决于你自己。

对一个33岁的人来说，77岁和78.3岁几乎没有差别。但对于一个风烛残年的人，感受也许截然不同。

我采访过许多科学家，他们对营养流行病学的评价截然不同。在写作本书后记的时候，我正好有机会与一项长期前瞻性队列研究的参与者进行了交谈，他大方地公开了自己的个人生活数据，希望能让其他人的生活变得更美好。多年来，他一直参与了某项知名研究，我想知道他对记忆可靠度、混淆变量、p值篡改或统计数据作假等问题的看法，但他没有给出任何有意义的回答。我问他是否因为研究结果而改变了自己的饮食方式，他回答说：

> 我觉得吃东西并不是我生活的全部，心情、工作及其他很多事情都与我的健康状况息息相关。所以，我从未放弃美味的黄油，我不戒酒也不戒糖，我觉得能让我开心的东西就是好东西。但我确实也有所改变，这是一种渐进式的变化，比如，我吃的熏肠数量比以前少了。

在我看来，这种做法似乎很正确。

我也认为我们应该把关注点放在更重要的事情上，而不是整天纠结如何靠饮食延长预期寿命。气候变化或接种疫苗的孩子数量锐减或许将对我们的生活产生更大的影响。

致
谢

感谢达顿的编辑斯蒂芬·莫罗，是你让这本可看可不看的书变得更有可读性。

感谢我的父母，倘若没有你们的疼爱、关怀、支持、慷慨和自始至终的乐观，这本书就不可能面世。谢谢你们！

感谢茱莉亚，我爱死你了，谢谢你没有和我分手。米格尔，谢谢你把我逼入了人生的绝境。帕斯卡尔、卡琳和穆丽尔，还记得我们全身黑色装扮偷偷溜进家门的情景吗？我现在还常常这样。沃伊泰克和瑞奇，总有一天我会重拾高尔夫球杆，谢谢你们的免费治疗。肯尼，谢谢你帮我看稿。肯普斯，我很荣幸成为凯·凯尔斯的一员；还有克里斯蒂娜，下次我脸上沾了番茄酱的时候，劳驾告诉我一声。安德鲁，谢谢你的友情评论。克劳迪娅，如果你需要从海外邮寄电子产品，我愿意效劳。丹，我迫不及待想要看看你的新书。尼娜，谢谢你的鼓励和你发来的山地照片。瓦西姆、西格吉和莱卡，我期待和你们共建友谊之路。托尼和帕特丽夏，感谢你们在我写作期间收留我，感谢你们的鼓励和支持，希望将来有更多的机会和你们一起切磋园艺技能！诺奇，谢谢你的鞭策。

伊丽莎白·崔：感谢你让我理清了思绪，搞明白了食物的真正含义。感谢詹姆斯·威廉姆斯、丹尼尔·斯坦伯格和《国家地理》团队的其他同事，是你们帮助我和伊丽莎白完成了这个系列的作品。（如果你们想出第二季，现在可是一个绝佳的时机哦！）感谢苏珊·希区柯克邀请我去《国家地理》做节目，我也因此认识了简·黛斯特尔——我现在的经纪人。正是苏珊的努力促成了本书的诞生。

通过简的连环催命邮件，我们可以了解这本书的诞生过程：《我有些好奇哦》《预约见面》《再次预约见面》《我确实想和你谈一谈》《我真的需要和你谈一谈》《见个面吧！！！！》

简，十分感谢你。

感谢苏·莫里西、格伦·拉斯金、戴夫·斯莫罗丁、弗林特·刘易斯以及美国化学协会（ACS）人力资源部，没有他们的大力协助，本书的出版必将遥遥无期。感谢化学协会给我放了半年的假，让我既有机会写书，还没有因此失业。感谢希拉里·哈德森，作为化学协会慷慨准假的实际牺牲者，你在我休假期间替我完成了工作任务。感谢团队的其他成员，是你们纠正了我对史蒂薇·尼克斯的错误印象，我还以为他是纽约尼克斯队的篮球运动员呢！

感谢凯特琳·默里，你让我少犯了好几处错误，如果我能早几个月把底稿寄过去，你敏锐而深刻的批评必将让我省时又省力。感谢你的慷慨分享。汉娜·菲尼，谢谢你的提醒，以及耐心地回答了我的许多愚蠢的问题。凯特琳·考尔，尽管我们素未谋面，但我看到封面上的奇多图案时，我感受到了你的幽默！洛丽·帕格诺奇，你把本书变成了一道靓丽的风景。还有戴维·切斯诺，我知道我们对逗号的用法存在分歧，但你纠正了我对迪士尼的很多错误认识，让我避免了不少尴尬的场景，所以我想我们可以推迟决斗了。（我再也不会把"一个全新的世界"说错。）致企鹅兰登书屋的法律团队：感谢你们的保驾护航。达顿的同事兼前邻居丹尼尔·斯通，谢谢你告诉我接下来会发生什么，还有你送的威士忌酒。约翰·埃西格曼，感谢你在凌晨一点安慰一个刚刚失恋的大学生，你本可以睡觉的，但你还是从被窝里爬起来，做了一回爱情顾问。因为你的存在，麻省理工在我心中变成了一个更温暖、更友好的地方。

许多科学家阅读了这本书的片段，指出了错误之处或提供了更多的资料背景。里贾纳·纽素是一位统计学大师。杰伊·考夫曼是流行病学方面的专家。阿里森·范·拉尔特和米哈尔·恩格尔曼是人口统计学方面的专家。约翰·迪乔凡纳是太阳能领域的超级英雄。丹尼斯·比尔，欢迎你随时打电话给我。泰勒·范德维尔，谢谢你让我旁听你的课。凯瑟琳·弗莱戈，谢谢你本着"鸡蛋里挑骨头"的精神为本书内容把关。感谢沃尔特·威利特，尽管他可能不认同本书的大多数观点，但他的亲切和热情无可挑剔。迪兰·斯莫尔，感谢你让我打断你的因果推理派对。戴维·琼斯，感谢你在2006年给我布置了那么多作业。切丽·皮谢·哈斯顿，感谢你发来如此详细的邮件。戴维·斯皮格尔霍尔特，很抱歉，和你约好了采访时间，我却迟到了20分钟。说实话，我也不知道为什么搞成那样。

还有许多人为本书的内容付出了大量的时间与精力，他们分别是：肯·阿尔巴拉、戴维·艾里森、菲利佩·奥捷、查理·贝尔、蕾·巴伯翰、鲍勃·贝廷格、道格·布拉什、丹·布朗、凯莉·布劳内尔、文森特·卡纳瓦罗、戴维·陈、彼得·康斯特贝尔、阿丽莎·克里滕登、詹尼弗·德布鲁恩、帕蒂·德格罗特、布莱恩·迪福、乔安娜·艾尔斯伯里、斯科特·埃文斯、克里·加斯肯、克里斯·加德纳、罗斯·格里道尔、桑德·格陵兰德、戈登·盖亚特、凯文·霍尔、比尔·哈里斯、斯蒂芬·赫克特、梅洛尼·赫伦、米西·霍尔布鲁克、凯西·海因斯、约翰·约阿尼迪斯、朱勒娜兹·查文、尼沙德·翟亚桑德拉、琳恩·叶斯帕森、蒂姆·约翰、斯尚塔尔·茱莉亚、马基恩·卡坦、戴维·克勒菲尔德、苏珊娜·克尼切尔、克里斯汀·科诺普卡、戴维·卡普斯塔斯、特雷西·劳森、比尔·伦纳德、詹姆斯·莱特思、李艳平（音译）、露西·隆、戴维·马迪根、拉姆齐·马库斯、费边·米凯兰杰利、卡洛斯·蒙泰罗、列夫·纳尔逊、劳拉·尼德霍夫、布莱恩·诺赛克、山姆·纽琞、贝琪·奥格本、乌利·奥斯特瓦尔德、齐拉格·帕特尔、汤姆·佩尔费蒂、奥斯汀·罗奇、安德里亚斯·萨士基、戴维·萨维茨、列昂尼德·萨扎诺夫、罗德尼·施密特、凯蒂娅·森德利、凯特·史密斯、乔治·戴维·史密斯、伯纳德·索尔、瓦斯·斯塔夫罗斯、唐妮·斯特德曼、迈克尔·斯戴普耐尔、戴安娜·托马斯、鲍勃·特金、皮特·昂加尔、丽珍·魏、鲍勃·温伯格、福雷斯特·怀特、托尔斯滕·威尔、亚当·威拉德、西拉·杨、斯坦·杨。

　　我还要感谢那些帮助过我的人：巴萨·阿卜杜拉、希拉里·鲍克、玛吉·阿布–法迪勒·希尼诺、萨米拉·达斯瓦尼、亚历克斯·弗兰克、马克斯·亨特、塔拉·尼古拉斯、迈克·鲁格纳塔、加布里尔·塞克里、亚历克斯·斯奈德、莉萨·宋、阿芒迪娜·温罗伯。

文
献

　　我觉得与其浪费纸张把本书涉及的文献全部印出来，还不如借助服务器的空间。如若需要，请直接访问www. Ingredientsthebook. com获取完整的文献列表，包括原始论文的链接。如果你觉得哪里可能存在问题，一定要给我发邮件至oops@entsthebook.com，我会展开深入的研究并真诚回复。